· 高职高专土建类专业系列规划教材 ·

U0246836

主　编　闫超君　毕守一
副主编　林秋怡　张　延　李人元

建设工程进度控制（第2版）

合肥工业大学出版社

书　　名	建设工程进度控制(第2版)
主　　编	闫超君　毕守一
责任编辑	陈淮民
出　　版	合肥工业大学出版社
地　　址	合肥市屯溪路193号(230009)
发行电话	0551-62903163
责编电话	0551-62903467
网　　址	www.hfutpress.com.cn
版　　次	2009年9月第1版 2013年7月第2版
印　　次	2016年1月第5次印刷
开　　本	787毫米×1092毫米　1/16
印　　张	13.25
字　　数	277千字
书　　号	ISBN 978-7-5650-1436-9
定　　价	25.90元
印　　刷	安徽昶颉包装印务有限责任公司
发　　行	全国新华书店

图书在版编目(CIP)数据

建设工程进度控制:第2版/闫超君,毕守一主编.
—合肥:合肥工业大学出版社,2013.7(2016.1重印)
ISBN 978-7-5650-1436-9

Ⅰ.①建…　Ⅱ.①闫…②毕…　Ⅲ.①建筑工程—
施工进度计划—施工管理—高等职业教育—教材
Ⅳ.①TU722

中国版本图书馆CIP数据核字(2013)第175238号

前　言

（第 2 版）

随着工程建设监理制度在我国工程建设中的广泛应用,工程监理专业毕业生也受到用人单位的欢迎。由于监理专业开设的较晚,比较成熟的教材相对较少。本教材在编写体例上打破传统的编写模式,把理论部分和实践训练分开编写,强化实践训练;并且每章开端都有"内容要点"和"知识链接"两部分,可以使学生很容易地掌握住知识要点。

本书的特色是为教材的使用者——学生着想的:第一是让学生更好地掌握知识要点,搞得清楚、弄得明白;第二是提供了许多实训课目和大大小小的案例,这样可以更好地提高学生职业技能和动手本领,到了工作岗位能够很快上手;第三是在正文中,在每章之后都有题目,并单独增加了考证训练题,这样能方便学生应对在校时、毕业后的各种考试或考证,通过加强试题、考题实战练习,取得好成绩。

本教材适应现代工程监理发展的需要,对工程进度监理过程中的常用方法常见问题加以介绍。全书共分七章,其中绪论介绍了工程进度控制的概念、工程进度控制的必要性等,第一章介绍了流水施工,第二章介绍了网络计划图法,第三章介绍了进度计划的编审,第四章介绍了单位工程施工组织设计,第五章介绍了工程进度计划实施中的比较与调整,第六章介绍了工程施工阶段的进度控制,第七章介绍了工程索赔。

本书自 2009 年 5 月出版发行以来,受到许多高职高专学校土木工程专业师生的欢迎。经过这几年的教学实践,编者对于本教材有了更深刻的认识。借这次修订机会将原教材中的文字错误进行了订正,也对新的知识和规范做了补充,使之更适用于教与学。

本教材可供土建类工程监理专业以及相关专业的高职学生使用,也可以作为各类成人高校培训教材。此书对建设监理单位、建设单位、勘察设计单位、施工单位等工作者也有参考价值,也可作为参加监理工程师执业考试参考书。

本书由闫超君和毕守一担任主编。参编人员有闫超君、毕守一、林秋怡、张延、李人元、罗斌、吴琛、陈师等老师;参编的学校和单位包括安徽水利水电职业技术学院、滁州职业技术学院、淮南职业技术学院、江西现代职业技术学院、六安职业技术学院和河南省安阳市河道管理处等。

本书的编写,参考和引用了一些相关专业书籍的论述,编著者也在此向有关人员致以衷心的感谢!

由于时间仓促,加上编者水平有限,不足之处在所难免,恳请广大读者批评指正。

编　者

2013 年 6 月

目　　录

绪 论

一、工程进度控制的概念

建设工程进度控制是指依据建设工程项目总进度目标,按资源优化配置的原则对工程项目建设各阶段的工作内容、工作程序、持续时间、衔接关系等进行进度计划编制,然后实施,并在实施的过程中经常检查实际进度是否按原计划要求进行,对出现的偏差情况进行分析,采取补救措施或调整、修改原计划,再实施,如此循环,直至建设工程竣工验收交付使用。

建设工程进度控制的最终目的是确保建设项目按预定的时间动用或提前交付使用,建设工程进度控制的总目标是建设工期,即实际进度要满足计划进度的要求。

建设工程的进度控制贯穿于工程建设的全过程。

进度计划不管编制的如何周密,一定会受到各种因素的影响,使工程无法按原计划进行,故进度控制必须遵循动态控制原理,在计划执行过程中不断检查,并将实际状况与计划安排进行对比,在分析偏差及其产生原因的基础上,通过采取纠偏措施,使之能正常实施。如果采取措施后不能维持原计划,则需要对原进度计划进行调整或修正,再按新的进度计划实施。进度控制示意图如图0-1所示。

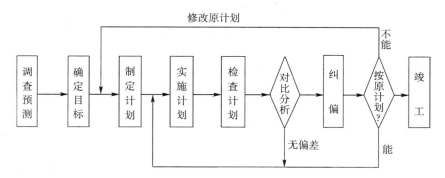

图 0-1 进度控制示意图

进度控制是监理人员的主要工作之一。监理人员必须懂得进度控制的方法、知识,掌握动态控制的原理,方能很好地进行建设工程进度控制。

二、工程进度控制的必要性

为了加强对建设工程项目的管理,合理控制工程质量、工期、费用,提高工程

[想一想]

为什么要进行进度控制?进度控制是动态还是静态的?

效益和工程管理水平,对建设工程必须实行监理,即对建设工程进行质量、进度、费用三控制。其中,进度控制涉及业主和承包商的利益,是合同能否顺利执行的关键。

目前,我国已将建设工程监理制写入法律,强制推行建设工程监理制。只有通过有效的进度控制监理,才可以合理控制工期,从而使项目管理达到综合优化,同时还能确保工程质量和确保节约工程费用。

建设工程进度控制除应充分考虑时间问题外,同时也应考虑劳动力、材料、施工机具等工程所必需的资源问题,使其达到最有效、最合理、最经济的配置和利用。工程进度控制通过计划、组织、协调等手段,调动施工活动中的一切积极因素,确保工程项目按预定工期完成,从而取得较大的投资效益。由此可看出工程进度控制的必要性。

[做一做]
请列表比较有哪些方面的因素影响到工程进度,并写出其处理对策。

三、影响工程进度的因素

由于在工程建设过程中存在许多影响进度的因素,为了对工程建设进行有效的进度控制,工程监理人员必须在工程进度计划编制或实施之前对影响工程建设进度的各种因素进行分析和预测。这样一方面可以促进对有利因素的充分利用和对不利因素的妥善预防,另一方面也便于事先制定预防措施,事中采取有效对策,缩小实际进度与计划进度的偏差,实现对工程建设进度的主动控制和动态控制。

影响建设工程进度的不利因素有很多,如人为因素,技术因素,设备、材料及构配件因素,机具因素,资金因素,水文、地质及气象因素,其他自然与社会环境等因素。其中人为因素是最大的干扰因素。

在工程建设过程中,常见的影响因素包括:

1. 与工程建设相关单位的影响

影响工程建设施工进度的单位不只是施工单位,只要是与工程建设有关的单位(如政府主管部门、建设单位、勘察设计单位、物资供应单位、资金贷款单位、运输部门、通讯部门、消防部门、供电部门等)其工作进度的拖后都会对工程进度产生影响。因此,控制工程进度计划必须充分发挥监理的作用,利用监理的工作性质和特点,协调好各工程建设相关单位之间的进度关系。

2. 工程材料、物资供应进度的影响

施工过程中需要的工程材料、构配件、施工机具和工程设备等,如果不能按照施工进度计划要求抵达施工现场,或者抵达施工现场后发现其质量不符合要求,都会对施工进度产生影响。因此,工程施工人员和工程监理人员应严格把关,采取有效的措施控制好工程材料和物资的采购、质量的控制及进入施工现场时间的控制。

3. 建设资金的影响

有关方面拖欠资金,资金不到位,资金短缺,汇率浮动,通货膨胀等都会影响进度,因此工程监理人员应督促建设单位及时拨付工程预付款和工程进度款,以免资金供应不足而影响工程进度。工程施工人员应根据建设单位的资金供应能力,安排好工程进度。

4. 工程设计变更的影响

在施工过程中出现设计变更是在所难免的,可能是设计有问题需要修改,也可能是建设单位提出了新的要求,也可能是施工单位原因而发生的变更。工程监理人员应加强图纸的审查管理,严格控制随意的变更,特别对施工单位提出的变更要求应进行严格控制。

5. 工程施工条件的影响

施工过程中一旦遇到气候、水文、地质及周围环境等方面的变化而产生的不利因素,一定会影响工程进度,此时,施工单位应利用自身的施工技术和管理能力,在未发生时采取预防措施,发生后积极采取措施加以克服。工程监理人员应积极疏通各方关系,协助施工单位解决问题。

6. 组织管理因素

向有关单位提出的各种申请审批手续延误;合同签订时遗漏条款、表达不当;计划安排不周密,组织协调不力,导致停工待料、相关作业脱节;领导不力、指挥不当,使参加建设的各单位、各专业、各施工过程之间交接不上,配合不好等。此时,监理人员应提醒督促各单位,协助各单位解决问题,确保工程进度控制目标的实现。

7. 其他各种风险因素的影响

其他各种风险因素包括政治、社会、经济、技术及自然等方面的各种可预见和不可预见的因素。政治方面有战争、内乱、罢工、拒付债务、制裁等;社会方面有社区居民权益、民工保险等;经济方面有延迟付款、汇率浮动、通货膨胀、施工分包单位违约等;技术方面有工程事故、试验失败、标准变化等;自然方面有地震、洪水等。工程监理人员必须对各种风险因素进行分析,提出控制措施,并对发生的各种风险事件给工程带来的影响予以恰当的处理。

四、进度控制的措施

为了对工程进度进行有效控制,工程监理人员必须根据建设工程的具体情况,认真分析可能影响工程进度的各种因素,然后认真制定进度控制措施,确保建设工程进度目标的实现。进度控制的措施包括组织措施、技术措施、经济措施、合同措施。

(一)组织措施

进度控制的组织措施主要包括:

1. 建立进度控制目标体系,明确工程现场监理机构进度控制人员及其职责分工;

2. 建立工程进度报告制度及进度信息沟通网络;

3. 建立进度计划审核制度和进度计划实施中的检查分析制度;

4. 建立进度协调会议制度,包括协调会议举行的时间、地点、参加人员等;

[想一想]
进度控制所采取的措施有哪几种?如何区分?

5. 建立图纸审查、工程变更和设计变更管理制度。

(二)技术措施

进度控制的技术措施主要包括：

1. 审查承包商提交的进度计划，使承包商能在合理的状态下施工；

2. 编制进度控制工作细则，指导监理人员实施进度控制；

3. 采用网络计划技术及其他科学适用的计划方法，并结合计算机的应用，对建设工程进度实施动态控制。

(三)经济措施

进度控制的经济措施主要包括：

1. 及时办理工程预付款及工程进度款支付手续；

2. 对应急赶工给予优厚的赶工费用；

3. 对工期提前给予奖励；

4. 对工程延误收取误期损失赔偿金。

(四)合同措施

进度控制的合同措施主要包括：

1. 推行 CM 承发包模式，对建设工程实行分段设计、分段发包和分段施工；

2. 加强合同管理，协调合同工期与进度计划之间的关系，保证进度目标的实现；

3. 严格控制合同变更，对各方提出的工程变更，监理工程师应严格审查后再补入合同文件之中；

4. 加强风险管理，在合同中应充分考虑风险因素及其对进度的影响，以及相应的处理方法；

5. 加强索赔管理，公正地处理索赔。

五、进度控制的特点和本课程的学习方法

尽管进度控制作为一门学科还不够完善，但是它正引起建设工程监理人员和管理人员的重视。科学合理的进度控制能为企业和建设单位带来直接的、巨大的经济效益和社会效益，目前建设工程进度控制已成为监理专业的必修课。

进度控制是一门实用性很强的专业课，要求学生具备必需的基础知识和专业知识，还要经过一定时间的施工实习，对施工过程等有初步的了解和认识。

进度控制是动态的，不是一成不变的，作为进度控制人员应定期检查实际进度，分析实际进度与计划进度的偏差，找出原因，采取有效的措施解决问题，使实际进度与计划进度吻合。

本课程的学习方法：

1. 学好必修课程，包括工程制图、工程力学、建筑材料、建筑工程施工技术、建筑结构、施工机械等专业基础课和专业课；

2. 上课认真听讲,课下多做练习。要把书上的问一问、想一想、做一做等弄懂,掌握进度控制的方法和技巧;

3. 工程在建设过程中,遇到的问题是千变万化的,要综合运用所学的知识,解决实际问题;

4. 目前,建设工程进度控制引入了计算机技术,要学会运用计算机技术解决网络优化等问题。

[想一想]

怎样才能学好进度控制这门课?

本章思考与实训

1. 什么是工程进度控制? 有何意义?

2. 请默写出"进度控制示意图",并指出其关键点。

3. 进度控制包括哪些基本措施?

4. 本课程的学习方法有哪些?

第一章　流水施工

【内容要点】

1. 流水施工的基本概念；
2. 有节奏流水施工；
3. 非节奏流水施工。

【知识链接】

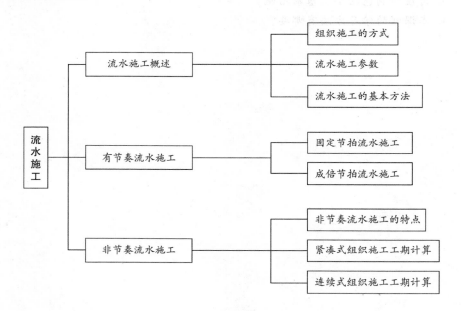

第一节　流水施工的基本概念

一、组织施工的方式

任何一个建筑物都是由许多施工过程组成的，而每一个施工过程都可以组织一个或多个施工班组来进行施工。如何组织各施工班组的先后顺序或平行搭接施工，是组织施工的一个最基本的问题。

组织施工一般可采用依次施工、平行施工和流水施工3种方式：

(一)依次施工

依次施工也称顺序施工，是各施工段或施工过程依次开工，依次完成的一种组织方式。

依次施工的最大优点是每天投入的劳动力较少、机具设备使用不是很集中，材料供应较单一，施工现场管理简单，便于组织和安排。当工程规模较小，施工面又有限时，依次施工是适用的，也是常见的。

依次施工的缺点也很明显：采用依次施工不但工期拖得较长，而且在组织安排上也不尽合理；

[做一做]
请列表比较，组织施工常见的三种方式的优缺点。

(二)平行施工

平行施工是全部工程任务各施工过程同时开工，同时完成的一种施工组织方式。

平行施工的优点是能够充分利用工作面，完成工作任务的时间最短，即施工工期最短。但由于施工班组数成倍增加（即投入施工人数增多），机具设备相应增加，材料供应集中，临时设施、仓库和堆场面积也要增加，从而造成组织安排和施工管理困难，增加施工管理费用。如果工期要求不紧，工程结束后又没有更多的工程任务，各施工班组在短期内完成施工任务后，就可能出现窝工现象。因此，平行施工一般适用于工期要求紧、大规模的建筑群及分期分批组织的工程任务。这种方式只有在各方面的资源供应有保障的前提下，才是合理的。

(三)流水施工

流水施工是指所有施工过程按一定的时间间隔依次投入施工，各个施工过程陆续开工，使同一施工过程的施工班组保持连续、均衡施工，不同的施工过程尽可能平行搭接施工的组织方式。

流水施工的主要优点在于使施工过程具有连续性、均衡性。流水施工的主要优点、表现在以下几个方面：

1. 由于各施工过程的施工班组生产的连续性、均衡性，以及各班组施工专业化程度高，所以不仅能提高工人的操作技术水平和熟练程度，提高劳动生产率，而且有利于施工质量的不断提高和安全生产。

2. 流水施工能够充分、合理地利用工作面，减少或避免"窝工"现象，在不增加施工班组和施工工人的情况下，能合理地利用施工时间和空间，缩短施工工期，为施工工程早日使用创造条件。

3. 相对平行施工来说，流水施工投入人力、物力、财力较为均衡，不仅各专业施工班组都能保持连续生产，而且作业时间具有一定的规律性。这种规律对组织工程施工十分有利，并能带来良好的工作秩序，从而取得比较可观的经济效益。

工程施工中，可以采用依次施工、平行施工和流水施工等组织方式。对于相同的施工对象，当采用不同的作业组织方法时，其效果也各不相同。

二、流水施工参数

流水施工参数是指组织流水施工时，为了表示各施工过程在时间和空间上的相互依存关系,特引入一些描述施工进度计划图表特征和各种数量关系的参数,称之为"流水参数"。

流水施工参数,根据其性质的不同,一般可分为工艺参数、空间参数和时间参数三种。只有对流水施工的主要参数进行认真、有针对性、有预见性的研究与分析计算,才能较成功地组织流水施工作业。

(一)工艺参数

流水施工的工艺参数主要包括施工过程数和流水强度。

1. 施工过程数(n)

施工过程数是指参与一组流水的施工过程(工序)的个数,通常以符号"n"表示。

在组织工程流水施工时,首先应将施工对象划分为若干施工过程。施工过程划分的数目多少和粗细程度,一般与下列因素有关:

(1)施工计划的性质和作用

对于长期计划及建筑群体、规模大、工期长的工程施工控制性进度计划,其施工过程的划分,可以粗一些、综合性大一些。对于中小型单位工程及工期较短工程的实施性计划,其施工过程划分可以细一些、具体一些,一般可划分至分项工程。对于月度作业性计划,有些施工过程还可以分解到工序,如刮腻子、油漆等工程。

(2)施工方案的不同

对于一些相同的施工工艺,应根据施工方案的要求,可以将它们合并为一个施工过程,也可以根据施工的先后分为两个施工过程。不同的施工方案,其施工顺序和施工方法也不同,例如框架主体结构采用的模板不同,其施工过程划分的个数就不同。

[想一想]

如何划分施工过程?

(3)工程量大小与劳动力组织

施工过程的划分与施工班组及施工习惯有一定关系。例如,安装玻璃、涂刷油漆的施工,可以将它们合并为一个施工过程,即玻璃油漆施工过程,它的施工班组就作为一个混合班组,也可以将它们分为两个施工过程,即安装施工过程和油漆施工过程,这时它们的施工班组为单一工种的施工班组。

同时,施工过程的划分还与工程量大小有关。对于工程量较小的施工过程,当组织流水施工有困难时,可以与其他施工过程合并在一起。例如,基础施工,如果垫层的工程量较小,可以与混凝土面层相结合,合并为一个施工过程,这样就可以使各个施工过程的工程量大致相等,便于组织流水施工。

2. 流水强度(V)

流水强度是指每一个施工过程在单位时间内所完成的工作量。根据施工过程的主导因素不同,可以将施工过程分为机械施工过程和手工操作施工过程两种,相应也有两种施工过程流水强度。

(1)机械施工过程流水强度

对于机械施工过程,其流水强度计算公式为:

$$V = \sum_{i=1}^{x} N_i \cdot P_i \qquad\qquad (1-1)$$

式中：V—— 某机械施工过程的流水强度；

$\quad\quad\ N_i$—— 某种施工机械的台数；

$\quad\quad\ P_i$—— 该种施工机械的台班生产率；

$\quad\quad\ x$—— 用于同一种施工过程的主导施工机械的种类。

（2）手工操作施工过程流水强度

对于手工操作施工过程，其流水强度计算公式为：

$$V = NP \qquad\qquad (1-2)$$

式中：N—— 每一工作队工人人数（N 应小于工作面上允许容纳的最多人数）；

$\quad\quad\ P$—— 每一个工人的每班产量。

（二）空间参数

流水施工的空间参数主要包括施工段数和工作面。

1. 施工段数（m）

在组织流水施工时，通常把施工对象划分为劳动量相等或大致相等的若干段，称为施工流水段，简称流水段或施工段。每一个施工段在某一段时间内，只能供一个施工过程的工作队使用。

划分施工段的目的，是为了更好地组织流水施工，保证不同的施工班组能在不同的施工段上同时进行施工，从而使各施工班组按照一定的时间间隔，从一个施工段转移到另一个施工段进行连续施工。这样，既能消除等待、停歇现象，又互不干扰，同时又能缩短施工工期。

施工段的划分一般有两种情况：一种是施工段为固定的；一种是施工段为不固定的。在施工段固定的情况下，所有施工过程都采用同样的施工段；同样，施工段的分界对所有施工过程都是固定不变的。在施工段不固定的情况下，对不同的施工过程要分别规定出一种施工段划分方法，施工段的分界对于不同的施工过程是不同的。在通常情况下，固定的施工段便于组织流水施工，应用范围较广泛；而不固定的施工段较少采用。

划分施工段的基本要求如下：

（1）施工段的数目及分界要合理。施工段数目如果划分过多，有时会引起劳动力、机械、材料供应的过分集中，有时会造成供应不足的现象。施工段数目如果划分过少，则会增加施工持续总时间，而且工作面不能充分利用。划分施工段保证结构不受施工缝的影响，施工段的分界要同施工对象的结构界限相一致，尽可能利用单元、伸缩缝、沉降缝等自然分界线。

（2）各施工段上所消耗的劳动量相等或大致相等（差值宜在 15％之内），以保证各施工班组施工的连续性和均衡性。

（3）划分的施工段必须为后面的施工提供足够的工作面。尽量使主导施工过程的施工班组能连续施工。由于各施工过程的工程量不同，所需要的最小工

[想一想]

划分施工段有什么限制吗？

作面不同,以及施工工艺上的不同要求等原因,如果要求所有工作队都能连续施工,所有施工段上都连续有工作队在工作,有时往往是不可能的,则应主要组织主导施工过程能连续施工。例如,在锅炉和附属设备及管道安装过程中,应以锅炉安装为主导施工过程来划分施工段,以此组织施工。

(4)当组织流水施工对象有层间关系时,应使各工作队能够连续施工。即各施工过程的工作队做完第一段,能立即转入第二段;做完第一层的最后一段,能立即转入第二层的第一段。因此每层最少施工段数 m 应大于或等于其施工过程数 n,即 $m \geqslant n$(不分层的流水施工也应满足 $m \geqslant n$)。

当 $m=n$ 时,工作队连续施工,施工段上始终有施工的班组,工作面能充分利用,无停歇现象,也不会产生工人窝工现象,是理想的流水施工。

当 $m>n$ 时,工作队仍能连续施工,虽然有停歇的工作面,但不一定是不利的,有时还是必要的,如利用这些停歇时间做养护、备料、弹线等工作。

当 $m<n$ 时,工作队不能连续施工,会出现窝工现象,这对一个建筑物的施工组织流水施工是不适宜的。

2. 工作面(A)

工作面又称为"工作线",是指在施工对象上可能安置的操作工人的人数或布置施工机械地段。它是用来反映施工过程中(工人操作、机械布置)在空间上布置的可能性。工作面的大小可以采用不同的计量单位来计量。例如,门窗的油漆可以采用门窗洞的面积以 m^2 为单位,靠墙扶手沿长度以 m 为单位。

对于某些工程,在施工一开始就已经在整个长度或广度上形成了工作面。这种工作面在工程上称为"完整的工作面"(如挖土工程);而有些工程的工作面是随着施工过程的进展逐步(逐层、逐段)形成的,这种工作面在工程上称为"部分的工作面"(如砌墙)。但是,不论在哪一个工作面上,通常前一个施工过程的结束,就为后面的施工过程提供了工作面。

在确定一个施工过程必要的工作面时,不但要考虑前一施工过程为这一施工过程可能提供的工作面大小,还必须要严格遵守施工规范和安全技术的有关规定。因此,工作面的形成直接影响到流水施工组织。

(三)时间参数

流水施工的时间参数主要包括流水节拍、流水步距、间歇时间、施工过程流水持续时间、流水施工工期。

1. 流水节拍(t)

流水节拍是指从事某一施工过程的专业施工班组,在某施工段上施工作业的持续时间,用"t"来表示。流水节拍的大小,关系到所需投入的劳动力、机械及材料用量的多少,决定着施工的速度和节奏。因此,确定流水节拍对于组织流水施工,具有重要的意义。

通常,流水节拍的确定方法有三种:一是根据工期的要求来确定;二是根据能够投入的劳动力、机械台数和材料供应量(即能够投入的各种资源)来确定;三是经验估算确定。

〔做一做〕
查相关资料,说出不同的工作人员和机械,需要多大的工作面来工作。

（1）根据工期要求确定流水节拍

对有工期要求的，尽量满足工期要求，可用工期计算法。即根据对施工任务规定的完成日期，采用倒排进度法。

根据工期的要求来确定流水节拍，可用下式计算：

$$t_i = \frac{T}{m} \tag{1-3}$$

式中：t_i——某工程在某施工段上的流水节拍；

$\quad T$——某工程的要求工期；

$\quad m$——某工程划分的流水段数。

（2）根据能够投入的各种资源来确定流水节拍

可用下式计算：

$$t_i = \frac{Q_i}{S_i R_i N_i} \tag{1-4}$$

[想一想]
若 S_i 为某施工过程的时间定额，公式如何改？若给出了施工过程在某施工段上的劳动量，公式如何改？

式中：t_i——某工程在某施工段上的流水节拍；

$\quad Q_i$——某工程在某施工段上的工程量；

$\quad S_i$——某施工过程的产量定额；

$\quad R_i$——施工人数或机械台数；

$\quad N_i$——某专业班组或机械的工作班次。

（3）经验估算法

这种方法多适用于采用新工艺、新方法和新材料等没有定额可循的工程。

$$t_i = \frac{a + 4c + b}{6} \tag{1-5}$$

式中：t_i——某施工过程在某施工段上的流水节拍；

$\quad a$——某施工过程在某施工段上的最短估算时间；

$\quad b$——某施工过程在某施工段上的最长估算时间；

$\quad c$——某施工过程在某施工段上的可能估算时间。

当按工期要求确定流水节拍时，首先根据工期要求确定出流水节拍，再按上式计算出所需要的人工人数或机械台班数，然后检查劳动力、机械是否满足需要。

当施工段数确定之后，流水节拍的长短对工期有一定影响，流水节拍长则相应的工期也长。因此，流水节拍越短越好，但实际上由于工作面的限制，流水节拍也有一定的限制，流水节拍的确定应充分考虑劳动力、材料和施工机械供应的可能性，以及劳动组织和工作面的使用的合理性。

在确定流水节拍时，应考虑以下因素。

（1）施工班组的人数要适宜，既要满足最小劳动组合人数的要求，又要满足最小工作面的要求。

所谓最小劳动组合，是指某一施工过程进行正常施工所必需的最低限度的班组人数及其合理组合。如模板安装就要按技工和普工的最少人数及合理比例组成施工班组，人数过少或比例不当，都将引起劳动生产率的下降。

所谓的最小工作面，是指施工组织为保证安全生产和有效地操作所必需的工作面。它决定了最高限度可安排多少工人。不能为了缩短工期而无限制地增加施工人员，否则将造成工作面的不足，而产生窝工或施工不安全。

（2）工作班制要恰当。工作班制的确定要根据要求工期而定。当要求工期不太紧迫，工艺也无连续施工要求时，一般可采用一班制；当组织流水施工时为了给第二天连续施工创造条件，某些施工过程可考虑在夜间进行，即采用两班制；当要求工期较紧或工艺上要求连续施工，或为了提高施工中机械的使用率时，某些项目可考虑采用三班制施工。

（3）以主导施工过程流水节拍为依据，确定其他施工过程的流水节拍。主导施工过程的流水节拍，应比其他施工过程流水节拍大，且应尽可能做到有节奏，以便组织节奏流水。

（4）流水节拍的确定，应考虑到机械设备的实际负荷能力和可能提供的机械设备的数量，也要考虑机械设备操作安全和质量要求。

（5）流水节拍一般应取半天的整数倍。

2. 流水步距（K）

流水步距是指在流水施工过程中，相邻的两个专业班组，在保持其工艺先后顺序、满足连续施工要求和时间上最大搭接的条件下，相继投入流水施工的时间间隔，称为流水步距，用"K"表示。

流水步距的大小，反映了流水作业的紧凑程度，对施工工期的长短起着很大作用和影响。在流水段不变的情况下，流水步距越大，施工工期越长；流水步距越小，施工工期越短。

流水步距的数目，取决于参加流水施工的施工过程数。如果施工过程数为 n 个，则流水步距的总数为 $n-1$ 个。

确定流水步距的基本原则如下：

（1）始终保持两个相邻施工过程的先后工艺顺序；

（2）保持主要施工过程能连续、均衡地施工；

（3）做到前后两个施工过程时间的最大搭接；

（4）保持施工过程之间足够的技术、组织间歇时间。

[想一想]

哪些施工过程之间需要有时间间歇？

3. 间歇时间（t_j）

间歇有技术间歇和组织间歇。

在流水施工过程中，由于施工工艺的要求，某施工过程在某施工段上必须停歇的时间间隔，称为技术间歇时间。例如，混凝土浇筑后，必须经过必要的养护时间，使其达到一定的强度，才能进行下一道工序；门窗底漆涂刷后，必须经过必要的干燥时间，才能涂刷面漆等等，这些都是施工工艺要求的必要间歇时间，都属于技术间歇时间。

由于施工组织的需要，同一施工段的相邻两个施工过程之间必须留有的间隔时间称为组织间歇。如基础工程的验收等。

4. 施工过程流水持续时间(T_i)

施工过程在各施工段上作业时间的总和,用下式表示:

$$T_i = \sum_{i=1}^{m} t_i \qquad (1-6)$$

式中:T_i—— 某施工过程持续时间;

$\quad m$—— 施工段数;

$\quad t_i$—— 某施工过程在某施工段上的流水节拍。

5. 流水施工工期(T)

完成一项工程任务或一个流水组施工所需的时间,用下式表示:

$$T = \sum_{1}^{n-1} K_{i,i+1} + T_n \qquad (1-7)$$

式中:T—— 流水施工工期;

$\quad T_n$—— 最后一个施工过程的流水持续时间;

$\quad \sum_{1}^{n-1} K_{i,i+1}$—— 流水步距之和。

此公式适用于所有施工过程都是连续的流水施工。

根据以上流水施工参数的基本概念,可以把流水施工的组织要点归纳如下。

(1)将拟建工程(如一个单位工程,或分部分项工程)的全部施工活动,划分组合为若干施工过程,每一个施工过程交给按专业分工组成的施工班组或混合施工班组来完成。施工班组的人数要考虑到每个工人所需要的最小工作面和流水施工组织的需要。

(2)将拟建工程每层的平面上划分为若干施工段,每个施工段在同一时间内,只供一个施工班组开展作业。

(3)确定各施工班组在每个施工段上的作业时间,并尽量使其连续、均衡。

(4)按照各施工过程的先后排列顺序,确定相邻施工过程之间的流水步距,并使其在连续作业的条件下,最大限度地搭接起来,形成分部工程施工的专业流水组。

(5)搭接各分部工程的专业流水组,组成单位工程的流水施工。

(6)绘制流水施工进度计划。

【实践训练】

(一)背景资料

某工程考虑到工作面的要求,将其划分为两个施工段,其基础挖土劳动量为 384 工日,施工班组人数 20 人,采用两班制。

（二）问题

试计算流水节拍。

（三）分析与解答

1. 每段上所需劳动量

$Q=384/2=192$（工日）

2. 计算流水节拍

$$t=\frac{192}{20\times 2}=4.8（天）$$

3. 流水节拍一般应取半天的整数倍，故流水节拍取 5 天。

第二节 有节奏流水施工

流水施工要求有一定节拍，才能实现和谐协调，而流水施工的节奏是由流水施工节拍决定的。要想使所有流水施工都能形成统一的流水节拍是很困难的。因此，在大多数情况下，各施工过程的流水节拍不一定相等，甚至同一个施工过程本身在不同施工段上流水节拍也不相等，这样就形成了不同的节奏特征的流水施工。

下面我们先来介绍有节奏流水施工中常见的两种流水施工方法：固定节拍流水和成倍节拍流水。

一、固定节拍流水施工

（一）固定节拍流水的概念

固定节拍流水是在一个流水组合内各个施工过程的流水节拍均为相等常数的一种流水施工方式。

（二）固定节拍流水施工的特点

固定节拍流水施工是一种最理想的流水施工方式，其特点如下：

1. 所有施工过程在各个施工段上的流水节拍均相等；

2. 相邻施工过程的流水步距相等，且等于流水节拍；

3. 专业工作队数等于施工过程数，即每一个施工过程成立一个专业工作队，由该队完成相应施工过程所有施工段上的任务；

4. 各个专业工作队在各施工段上能够连续作业，施工段之间没有空闲时间。

（三）固定节拍流水施工工期

1. 有间歇时间的固定节拍流水施工

所谓间歇时间，是指相邻两个施工过程之间由于工艺或组织安排需要而增加的额外等待时间，包括工艺间歇时间和组织间歇时间。对于有间歇时间的固定节拍流水施工，其流水施工工期 T 可按公式（1-8）计算：

$$T = (n-1)t + \sum t_j + mt = (m+n-1)t + \sum t_j \qquad (1-8)$$

式中：$\sum t_j$——间歇时间总和，其余符号如前所述。

2. 有提前插入时间的固定节拍流水施工

所谓提前插入时间，是指相邻两个专业工作队在同一施工段上共同作业的时间。在工作面允许和资源有保证的前提下，专业工作队提前插入施工，可以缩短流水施工工期。对于有提前插入时间的固定节拍流水施工，其流水施工工期 T 可按公式（1-9）计算：

$$T = (m+n-1)t - \sum C \qquad (1-9)$$

式中：$\sum C$——提前插入时间总和，其余符号如前所述。

［想一想］
没有间歇时间也没有提前插入时间，固定节拍流水施工工期 T 的计算公式如何写？

二、成倍节拍流水施工

在通常情况下，组织固定节拍的流水施工是比较困难的。因为在任一施工段上，不同的施工过程，其复杂程度不同，影响流水节拍的因素也各不相同，很难使各个施工过程的流水节拍都彼此相等。但是，如果施工段划分得合适，保持同一施工过程各施工段的流水节拍相等是不难实现的。使某些施工过程的流水节拍成为其他施工过程流水节拍的倍数，即形成成倍节拍流水施工。成倍节拍流水施工包括一般的成倍节拍流水施工和加快的成倍节拍流水施工。为了缩短流水施工工期，一般均采用加快的成倍节拍流水施工方式。

（一）加快的成倍节拍流水施工的特点

加快的成倍节拍流水施工的特点如下：

1. 同一施工过程在其各个施工段上的流水节拍均相等；不同施工过程的流水节拍不等，但其值为倍数关系；

2. 相邻施工过程的流水步距相等，且等于流水节拍的最大公约数（K）；

3. 专业工作队数大于施工过程数，即有的施工过程只成立一个专业工作队，而对于流水节拍大的施工过程，可按公式（1-10）增加相应专业工作队数目 b_i；

$$b_i = t_i / K \qquad (1-10)$$

4. 各个专业工作队在施工段上能够连续作业，施工段之间没有空闲时间。

［做一做］
列表比较固定节拍、成倍节拍流水施工的优缺点。

（二）加快的成倍节拍流水施工工期

加快的成倍节拍流水施工工期 T 可按公式（1-11）计算：

$$T = (m+n'-1)t + \sum t_j - \sum C \qquad (1-11)$$

式中：n'——专业工作队数总和，等于 $\sum b_i$，其余符号如前所述。

课目一：固定节拍流水施工进度计划绘制

（一）背景资料

某分部工程流水施工划分为 4 个施工段，施工过程分为：Ⅰ、Ⅱ、Ⅲ、Ⅳ4 个，流水节拍为 2 天，其中，Ⅱ 与 Ⅲ 之间有 1 天的时间间歇。

（二）问题

试计算此计划工期，并绘制进度计划图

（三）分析与解答

1. 在该计划中，施工过程数 $n=4$；施工段数 $m=4$；流水节拍 $t=2$；流水步距 $K=2$；间歇时间 $t_j=1$。

2. 其流水施工工期为：

$$T=(m+n-1)t+\sum t_j=(4+4-1)\times 2+1=15 \text{ 天}$$

3. 绘制流水进度计划，如图 1-1 所示。

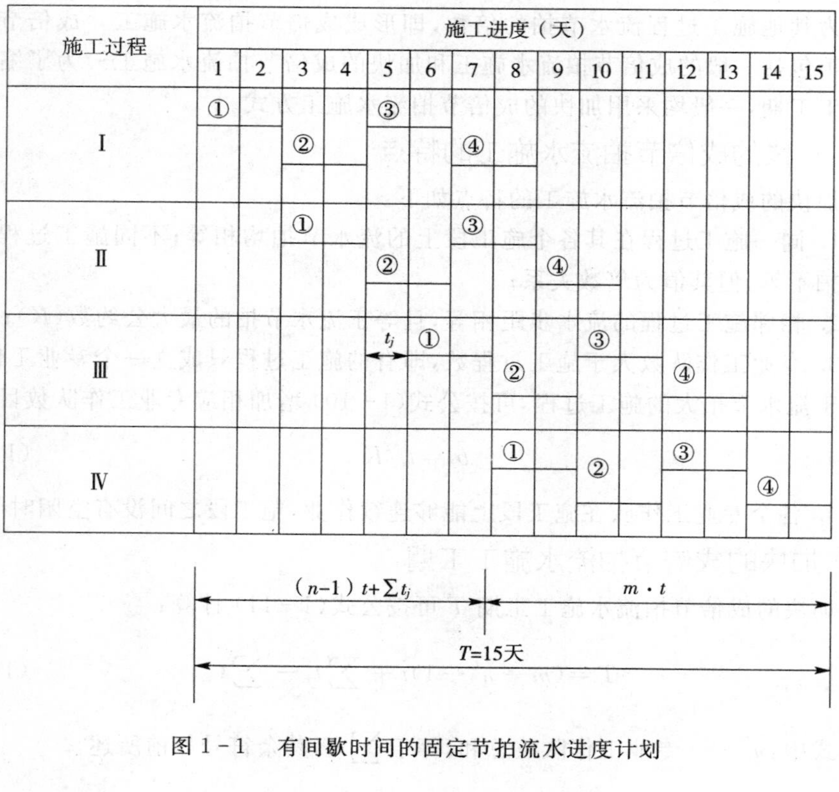

施工过程	施工进度（天）														
	1	2	3	4	5	6	7	8	9	10	11	12	13	14	15
Ⅰ	①		②		③		④								
Ⅱ			①		②		③		④						
Ⅲ					t_j	①		②		③		④			
Ⅳ								①		②		③		④	

$$(n-1)t+\sum t_j \qquad m\cdot t$$

$$T=15\text{天}$$

图 1-1　有间歇时间的固定节拍流水进度计划

课目二:加快的成倍节拍流水施工进度计划绘制

(一)背景资料

某工程流水施工划分为 6 个施工段,施工过程分为 Ⅰ、Ⅱ、Ⅲ 3 个,流水节拍 Ⅰ 为 3 天,Ⅱ 为 2 天,Ⅲ 为 1 天,没有间歇时间和搭接时间。

(二)问题

试按加快的成倍节拍流水计算此计划工期,并绘制进度计划图。

(三)分析与解答

1. 在该计划中,施工过程数 $n=3$;由于不同施工过程的流水节拍之间成倍数,可按加快的成倍节拍组织流水;

2. Ⅰ 施工工程可组织 3 个专业工作队,Ⅱ 施工工程可组织 2 个专业工作队,Ⅲ 施工工程可组织 1 个专业工作队,专业工作队数目 $n'=6$;

3. 施工段数 $m=6$;流水步距 $K=1$;$\sum t_j = 0$;$\sum C = 0$;

4. 其流水施工工期为

$$T=(m+n'-1)t+\sum t_j - \sum C = (6+6-1)\times 1 = 11 \text{ 天};$$

5. 绘制流水进度图,如图 1-2 所示。

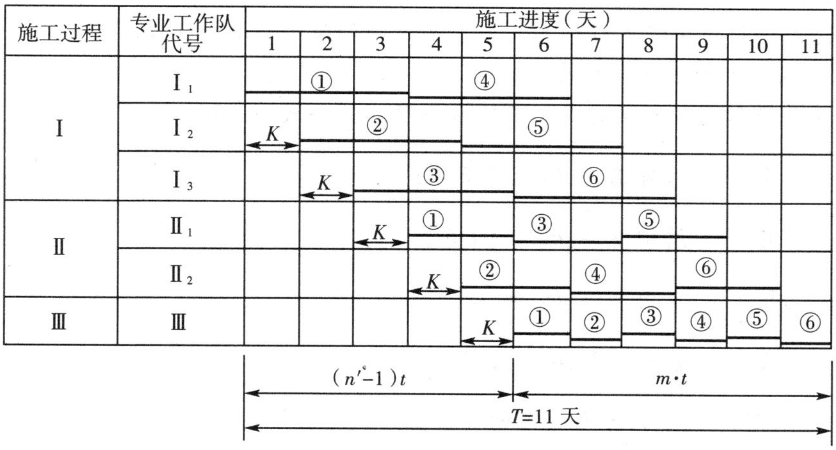

图 1-2　加快的成倍节拍流水进度计划图

课目三:加快的成倍节拍流水施工进度计划应用

(一)背景资料

某建设工程由四幢大板结构楼房组成,每幢楼房为一个施工段,施工过程划分为基础工程、结构安装、室内装修和室外工程 4 项,其一般的成倍节拍流水施工进度计划如图 1-3 所示。

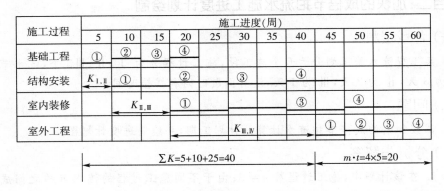

施工过程	施工进度(周)											
	5	10	15	20	25	30	35	40	45	50	55	60
基础工程	①	②	③	④								
结构安装	$K_{\text{I},\text{II}}$ ①			②		③		④				
室内装修	$K_{\text{II},\text{III}}$		①				③		④			
室外工程			$K_{\text{III},\text{IV}}$						①	②	③	④

$$\sum K=5+10+25=40 \qquad m \cdot t=4\times5=20$$

图 1-3　某工程的一般成倍节拍流水进度计划

(二) 问题

若按加快的成倍节拍流水组织施工,工期缩短多少?并绘制进度计划图。

(三) 分析与解答

1. 由图 1-3 可知,如果按 4 个施工过程成立 4 个专业工作队组织流水施工,其总工期为:$T=(5+10+25)+4\times5=60$ 周;为加快施工进度,增加专业工作队,组织加快的成倍节拍流水施工;

2. 计算流水步距

流水步距等于流水节拍的最大公约数,即:$K=\min[5,10,10,5]=5$(周)

3. 确定专业工作队数目

每个施工过程成立的专业工作队数目可按公式(1-10)计算:

Ⅰ——基础工程:$b_{\text{I}}=5/5=1$

Ⅱ——结构安装:$b_{\text{II}}=10/5=2$

Ⅲ——室内装修:$b_{\text{III}}=10/5=2$

Ⅳ——室外工程:$b_{\text{IV}}=5/5=1$

于是,参与该工程流水施工的专业工作队总数 n' 为:

$$n'=(1+2+2+1)=6$$

4. 计算工期

$$T=(m+n'-1)t+\sum t_j-\sum C=(4+6-1)\times5=45(\text{周})$$

5. 绘制加快的成倍节拍流水施工进度计划图

根据图 1-3 所示进度计划编制的加快的成倍节拍流水施工进度计划如图 1-4 所示。

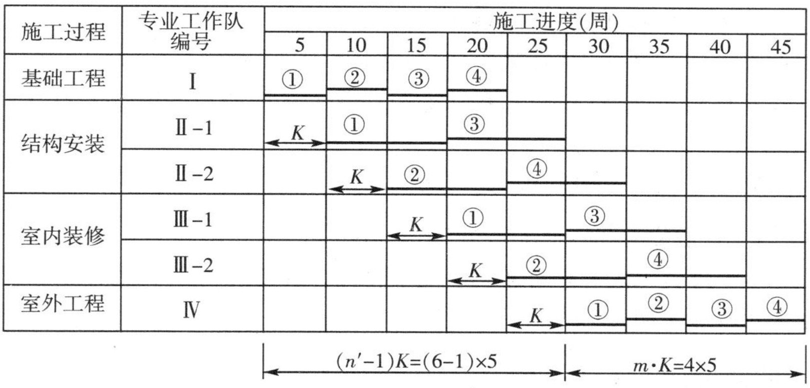

施工过程	专业工作队编号	施工进度（周）								
		5	10	15	20	25	30	35	40	45
基础工程	Ⅰ	①	②	③	④					
结构安装	Ⅱ-1	K	①		③					
	Ⅱ-2		K	②		④				
室内装修	Ⅲ-1			K	①		③			
	Ⅲ-2				K	②		④		
室外工程	Ⅳ					K	①	②	③	④

$$\overset{(n'-1)K=(6-1)\times 5}{\longleftrightarrow} \qquad \overset{m\cdot K=4\times 5}{\longleftrightarrow}$$

图 1-4　加快的成倍节拍流水进度计划图

6. 比较结论

与一般的成倍节拍流水施工进度计划比较，该工程组织加快的成倍节拍流水施工使得总工期缩短了 15 周。

第三节　非节奏流水施工

在组织流水施工时，经常由于工程结构形式、施工条件不同等原因，使得各施工过程在各施工段上的工程量有较大差异，或因专业工作队的生产效率相差较大，导致各施工过程的流水节拍随施工段的不同而不同，且不同施工过程之间的流水节拍又有很大差异。这时，流水节拍虽无任何规律，但仍可利用流水施工原理组织流水施工，使各专业工作队在满足连续施工的条件下，实现最大搭接。这种非节奏流水施工方式是建设工程流水施工的普遍方式。

[想一想]

在什么情况下用紧凑式组织施工？什么情况下用连续式方式组织施工？

非节奏流水施工具有以下特点：

1. 各施工过程在各施工段的流水节拍不全相等；

2. 相邻施工过程的流水步距不尽相等；

3. 专业工作队数等于施工过程数；

4. 按紧凑式组织施工，这时工期可能缩短，但工作过程不能都连续；

5. 按连续式组织施工，这时所有工作过程都连续，但工期比紧凑式可能延长。

一、紧凑式组织施工

（一）定义

紧凑式是只要具备开工条件就开工，这样可以缩短工期。

（二）直接编阵法计算工期

直接编阵法是一种不必作图就能求出紧凑式组织施工总工期（紧凑式）的方法。直接编阵法的步骤如下：

1. 列表，将各施工过程的流水节拍列于表中；

2. 计算第一行新元素(直接累加,写在括号内);

3. 计算第一列新元素(直接累加,写在括号内);

4. 计算其他新元素(用旧元素加上左边或上边两新元素中较大值,得到该新元素);

5. 以此类推,直至完成,最后一个新元素值就是总工期。

(三) 作图法计算工期

尽量将所排施工过程向作业开始方向靠拢,具备开工条件就开工,计划图绘制完后就可知道工期是多少。

二、连续式组织施工

(一) 定义

使各施工过程连续作业,避免停工待面和干干停停。

(二) 累加数列错位相减取大差法计算流水工期

由于这种方法是由潘特考夫斯基(译音)首先提出的,故又称为潘特考夫斯基法。这种方法简捷、准确,便于掌握。具体步骤如下:

1. 列表,将各施工过程的流水节拍列于表中;

2. 对每一个施工过程在各施工段上的流水节拍依次累加,求得各施工过程流水节拍的累加数列;

3. 将相邻施工过程流水节拍累加数列中的后者错后一位,相减后求得一个差数列;

4. 在差数列中取最大值,即为这两个相邻施工过程的流水步距;

5. 用公式(1-7)求总工期;

6. 绘制流水施工进度计划图。

【实践训练】 ————————————————————

课目一:紧凑式组织非节奏流水施工

(一) 背景资料

某工程流水节拍如表1-1所示。

表1-1 某工程流水节拍表

施工段 施工过程	A	B	C	D
①	2	3	3	2
②	2	2	3	3
③	3	3	3	3

(二)问题

试用直接编阵法计算此流水施工的工期,并绘制紧凑式流水施工进度计划图。

(三)分析与解答

1. 计算第一行新元素(直接累加,写在括号内)如表1-2所示;

2. 计算第一列新元素(直接累加,写在括号内)如表1-2所示;

3. 计算其他新元素(用旧元素加上左边或上边两新元素中较大值,得到该新元素)如表1-2所示;

4. 以此类推,计算其他新元素,如表1-2所示;

5. 总工期为17天;

6. 绘制紧凑式流水施工进度计划图,如图1-5所示;

7. 计算工期与绘制的一致,说明计算无误。

表 1-2　直接编阵法计算工期表

施工过程＼施工段	A	B	C	D
①	2	3(5)	3(8)	2(10)
②	2(4)	2(7)	3(11)	3(14)
③	3(7)	3(10)	3(14)	3(17)

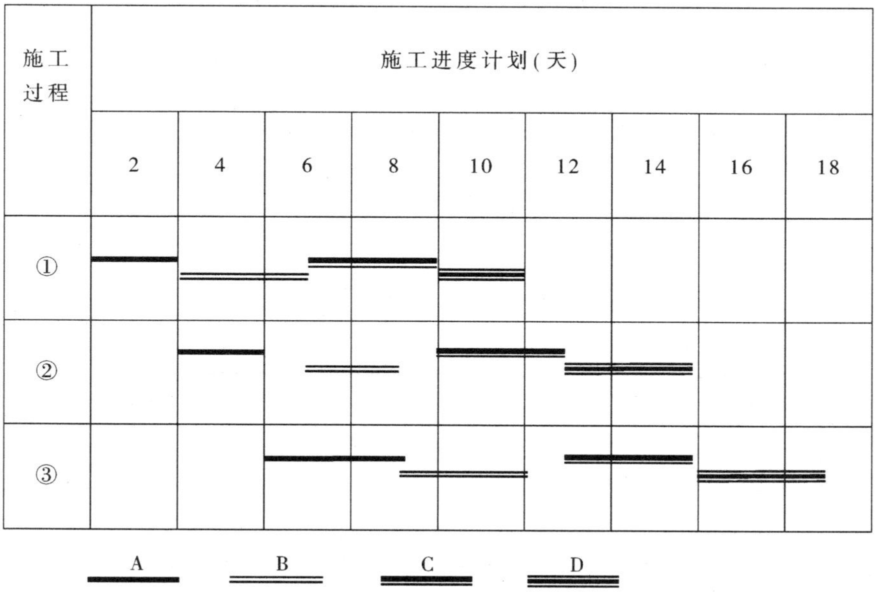

图 1-5　紧凑式流水施工进度计划图

课目二:连续式组织流水施工

(一) 背景资料

某工厂需要修建 4 台设备的基础工程,施工过程包括基础开挖、基础处理和浇筑混凝土。因设备型号与基础条件等不同,使得 4 台设备的各施工过程有着不同的流水节拍(单位:周),见表 1-3。

表 1-3　流水节拍表

施工过程	施 工 段			
	设备 A	设备 B	设备 C	设备 D
基础开挖	2	3	2	2
基础处理	4	4	2	3
浇筑混凝土	2	3	2	3

(二) 问题

按累加数列错位相减取大差法计算流水工期并绘制流水施工进度计划。

(三) 分析与解答

1. 确定施工流向由设备 A— 设备 B— 设备 C— 设备 D,施工段数 $m=4$。

2. 确定施工过程数,$n=3$,包括基础开挖、基础处理和浇筑混凝土。

3. 采用"累加数列错位相减取大差法"求流水步距。

$$
\begin{array}{ccccc}
 & 2、 & 5、 & 7、 & 9 \\
-) & & 4、 & 8、 & 10、 & 13
\end{array}
$$

$$K_{1,2} = \max\ [2、\quad 1、\quad -1、\quad -1、\quad -13]=2$$

$$
\begin{array}{cccc}
 & 4、 & 8、 & 10、 & 13 \\
-) & & 2、 & 5、 & 7、 & 10
\end{array}
$$

$$K_{2,3} = \max\ [4、\quad 6、\quad 5、\quad 6、\quad -10]=6$$

4. 计算流水施工工期

$$T = \sum K + T_n = (2+6)+(2+3+2+3)=18\ 周$$

5. 绘制非节奏流水施工进度计划,如图 1-6 所示。

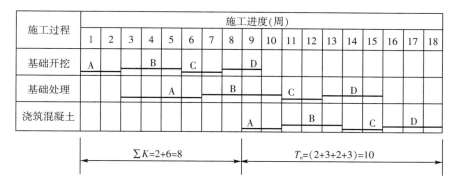

施工过程	施工进度(周)																	
	1	2	3	4	5	6	7	8	9	10	11	12	13	14	15	16	17	18
基础开挖	A			B		C			D									
基础处理					A			B			C			D				
浇筑混凝土									A			B			C		D	

$\sum K=2+6=8$ $T_n=(2+3+2+3)=10$

图 1-6 此基础流水施工进度计划图

课目三:紧凑式、连续式组织流水施工比较

(一)背景资料

某建筑工程组织流水施工,经施工设计确定的施工方案定为 4 个施工过程,划分为 5 个施工段,各施工过程在不同施工段的流水节拍见下表 1-4。

表 1-4 某建筑工程流水节拍表

施工段 \ 施工过程	甲	乙	丙	丁
A	4	2	6	5
B	3	3	5	6
C	6	5	4	3
D	2	4	6	2
E	2	6	4	3

(二)问题

1. 按累加数列错位相减取大差法计算流水工期并绘制流水施工进度计划。

2. 用直接编阵法计算紧凑式工期,并与连续式比较。

(三)分析与解答

1. 求各施工过程的累加数列

甲:4、7、13、15、17

乙:2、5、10、14、20

丙:6、11、15、21、25

丁:5、11、14、16、19

2. 错位相减

甲与乙：

	4、	7、	13、	15、	17	
—)	2、	5、	10、	14、	20	
	4、	5、	8、	5、	3、	−20

乙与丙：

	2、	5、	10、	14、	20	
—)	6、	11、	15、	21、	25	
	2、	−1、	−1、	−1、	−1、	−25

丙与丁：

	6、	11、	15、	21、	25	
—)	5、	11、	14、	16、	19	
	6、	6、	4、	7、	9、	−19

3. 求流水步距

$$K_{\text{甲,乙}} = \max[4、5、8、5、3、-20] = 8$$

$$K_{\text{乙,丙}} = \max[2、-1、-1、-1-1-25] = 2$$

$$K_{\text{丙,丁}} = \max[6、6、4、7、9、-19] = 9$$

4. 求施工工期

$$T = \sum_1^{n-1} K + T_{\text{丁}} = 8 + 2 + 9 + 19 = 38（天）$$

5. 绘制流水施工进度计划,如图 1-7 所示。

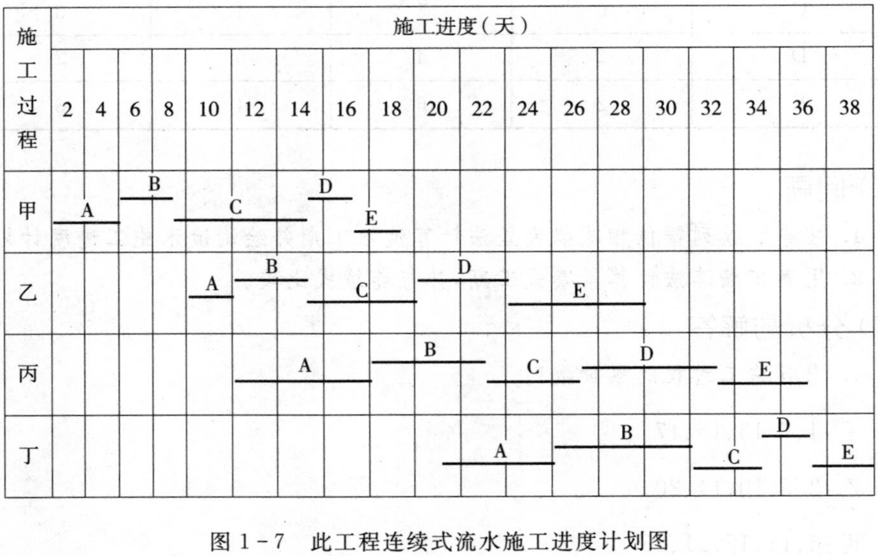

图 1-7　此工程连续式流水施工进度计划图

6. 直接编阵法计算紧凑式工期,见表 1-5,总工期为 35 天。

表 1-5　直接编阵法计算工期表

施工过程 施工段	甲	乙	丙	丁
A	4	2(6)	6(12)	5(17)
B	3(7)	3(10)	5(17)	6(23)
C	6(13)	5(18)	4(22)	3(26)
D	2(15)	4(22)	6(28)	2(30)
E	2(17)	6(28)	4(32)	3(35)

7. 从以上计算可看出,紧凑式比连续式提前了3天。在工期要求紧时,可用紧凑式,工期要求不紧时,可用连续式。

本章思考与实训

1. 工程上组织施工的方式有哪些? 各有什么特点?
2. 流水施工的参数有哪些?
3. 流水施工的基本方式有哪些?
4. 什么是流水步距? 什么是流水节拍?
5. 非节奏流水施工的特点有哪些?
6. 组织非节奏流水施工的方式有几种?
7. 紧凑式和连续式组织施工的优缺点有哪些?

第二章 网络计划图法

【内容要点】

1. 双代号网络计划的绘制方法；
2. 网络计划工作时间参数的计算；
3. 关键工作和关键线路的确定；
4. 网络计划优化的基本原理及方法；
5. 单代号网络计划的绘制及时间参数的计算；
6. 单代号搭接网络计划的时间参数计算。

【知识链接】

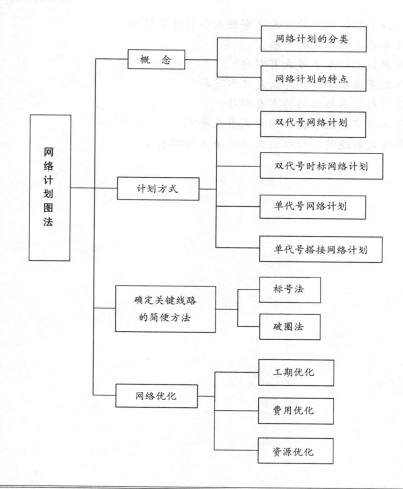

第一节　网络计划的概念

　　网络计划技术是以工作所需的工时为基础,用"网络图"反映工作之间的相互关系和整个工程任务的全貌,通过数学计算,找出对全局有决定性影响的各项关键工作,据此对任务做出切实可行的全面规划和安排。

　　网络计划技术的基本原理(或编制实施程序和方法)是:首先绘制出拟建工程施工进度网络图,用以表达一项计划(或工程)中各项工作的开展顺序及其相互之间的逻辑关系;然后通过对网络图的时间参数进行计算,找出网络计划的关键工作和关键线路;再按选定的工期、成本或资源等不同的目标,对网络计划进行调整、改善和优化处理,选择最优方案;最后在网络计划的执行过程中,对其进行有效的控制与监督,按网络计划确定的目标和要求顺利完成预定任务。

一、网络计划的分类

　　按照不同的分类原则,可以将网络计划分成不同的类别。

　　1. 按表示方法分类

　　(1)单代号网络计划

　　用单代号表示法绘制,其网络图中,每个节点表示一项工作,箭线仅用来表示各项工作间相互制约、相互依赖的关系。如图 2-1 所示。

[想一想]

　　双代号网络图、单代号网络图各以什么图形表示一项工作?

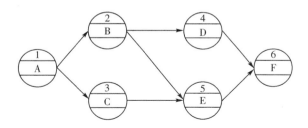

图 2-1　单代号网络图

　　(2)双代号网络计划

　　用双代号表示法绘制,其网络图是由若干个表示工作项目的箭线及其两端的节点所构成的网状图形。目前施工企业多采用这种网络计划,如图 2-2 所示。

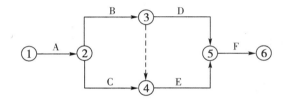

图 2-2　双代号网络图

2. 按目标分类

(1)单目标网络计划

是指只有一个终点节点的网络计划,即网络图只具有一个工期目标。如一个建筑物的网络施工进度计划大多只具有一个工期目标。如图2-3所示。

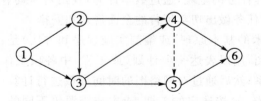

图2-3 单目标网络图

(2)多目标网络计划

是指终点节点不止一个的网络计划。此种网络计划具有若干个独立的工期目标。如图2-4所示。

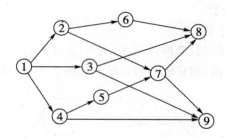

图2-4 多目标网络图

[想一想]
时标网络图与双代号非时标网络图有何区别?

3. 按有无时间坐标分类

(1)时标网络计划

时标网络计划是指以时间坐标为尺度绘制的网络计划。网络图中,每项工作箭线的水平投影长度,与其持续时间成正比。如编制资源优化的网络计划即为时标网络计划,目前,时标网络计划的应用较为广泛。

(2)非时标网络计划

非时标网络计划是指不按时间坐标绘制的网络计划。网络图中,工作箭线长短与持续时间无关,可按需要绘制。普通双代号、单代号网络计划都是非时标网络计划。

4. 按性质分类

(1)肯定型网络计划

肯定型网络计划是指工作、工作与工作之间的逻辑关系以及工作持续时间都肯定的网络计划。在这种网络计划中,各项工作的持续时间都是确定的单一的数值,整个网络计划有确定的工期。

（2）非肯定型网络计划

非肯定型网络计划是指工作、工作与工作之间的逻辑关系和工作持续时间三者中一项或多项不肯定的网络计划。计划评审技术和图示评审技术就属于非肯定型网络计划。

5. 按层次分类

（1）综合网络计划

指以整个计划任务为对象编制的网络计划,如群体网络计划或单项工程网络计划。

（2）单位工程网络计划

指以一个单位工程或单体工程为对象编制的网络计划。

（3）局部网络计划

指以计划任务的某一部分为对象编制的网络计划,如分部工程网络图。

二、网络图与横道图的特点分析

1. 网络计划技术既是一种科学的计划方法,又是一种有效的生产管理方法。网络计划技术作为一种计划的编制和表达方法与我们一般常用的横道计划法具有同样的功能。对一项工程的施工安排,用这两种计划方法中的任何一种都可以把它表达出来,成为一定形式的书面计划。但是由于表达形式不同,它们所发挥的作用也就不同。

2. 网络计划以加注作业持续时间的箭线（双代号表示法）和节点组成的网状图形来表示工程施工的进度。而横道计划则是以横向线条结合时间坐标来表示工程各工作的施工起止时间和先后顺序,整个计划由一系列的横道线段组成。

[想一想]
横道图与网络图的区别有哪些?

3. 网络计划的优点是把施工过程中的各有关工作组成了一个有机的整体,因而能全面而明确地反映出各工作之间相互制约和相互依赖的关系。它可以进行各种时间计算,能在工作繁多、错综复杂的计划中找出影响工程进度的关键工作,便于管理人员集中精力解决施工中的主要矛盾,确保按期竣工,避免盲目抢工。通过利用网络计划中反映出来的各工作的机动时间,可以更好地运用和调配人力与设备,节约人力、物力,达到降低成本的目的。它的缺点是从图上很难清晰地看出流水作业的情况,也难以根据一般网络图算出人力及资源需要量的变化情况。

4. 横道计划的优点是绘制容易、简单直观。因为有时间坐标,各项工作的施工起始时间、作业持续时间、工期,以及流水作业的情况等都表示得清楚明确。对人力和资源的计算也便于据图叠加。它的缺点主要是不能全面地反映出各工作相互之间的影响关系,不便进行各种时间计算,不能客观地突出工作的重点（影响工期的关键工作）,也不能从图中看出计划中的潜力所在。这些缺点的存在,对改进和加强施工管理工作是不利的。

【实践训练】

课目:横道计划与网络计划特点比较

(一)背景资料

某钢筋混凝土工程包括支模板、绑扎钢筋、浇筑混凝土 3 个施工过程,分 3 段施工,流水节拍分别为:$t_A=3$ 天,$t_B=2$ 天,$t_C=1$ 天。

(二)问题

通过横道计划和网络计划的对比,分别说明两种计划的优缺点。

(三)分析与解答

1. 该工程的横道计划图如图 2-5 所示。

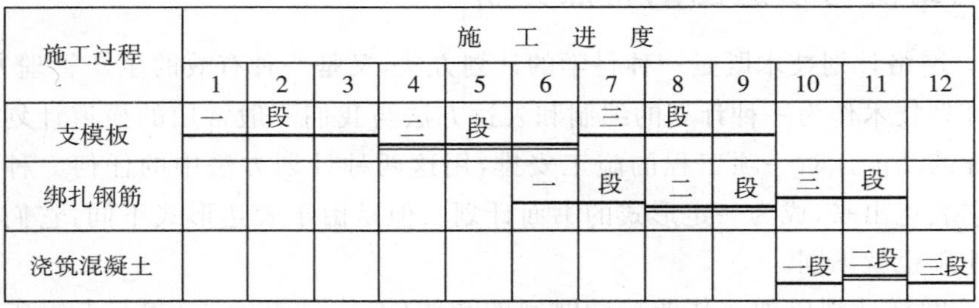

施工过程
施 工 进 度
1
2
3
4
5
6
7
8
9
10
11
12
支模板
绑扎钢筋
浇筑混凝土
一 段
二 段
三 段
一 段
二 段
三 段
一段
二段
三段

图 2-5 横道计划

2. 该工程的网络计划如图 2-6 所示。

支模 1
支模 2
支模 3
钢筋 1
钢筋 2
钢筋 3
混凝土 1
混凝土 2
混凝土 3
1
2
3
4
5
6
7
8
9
10

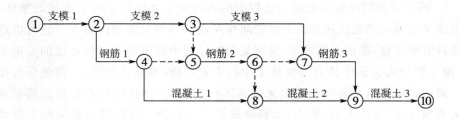

图 2-6 网络计划

3. 横道计划的优缺点

(1)优点:①编制简单,表达直观明了;②结合时间坐标,各项工作的起止时间、作业持续时间、工作进度、总工期以及流水作业的情况都能一目了然;③对人力和其他资源的计算便于根据图形叠加。

(2)缺点:①不能全面地反映各项工作间错综复杂、相互联系、相互制约的关系;②不能明确指出哪些工作是关键工作,哪条线路是关键线路,看不出工作可灵活使用的机动时间,因而抓不住工作的重点,看不到潜力所在,而无法进行合理地组织安排和指挥生产;③不能使用计算机进行计算和优化。

4. 网络计划的优缺点

(1)优点:①把施工过程各有关工作组成一个有机的整体,全面、明确地反映出各项工作间相互制约、相互依赖的关系;②通过对各项工作时间参数的计算,能确定对全局性有影响的关键工作和关键线路,便于管理人员抓住施工中的主要矛盾,集中精力,确保工期,避免盲目抢工,同时,利用各项工作的机动时间,充分调配人力、物力,达到降低成本的目的;③利用电子计算机对复杂的计划进行计算、调整与优化,实现计划管理的科学化;④在计划的实施过程中进行有效的控制与调整,取得良好的经济效益。

(2)缺点:①不能清晰、直观地反映出流水作业的情况;②对一般的网络计划,其人力和资源的计算,不能利用叠加方法。

第二节　双代号网络计划

一、双代号网络图的组成

双代号网络图主要由箭线、节点和线路三个基本要素组成。

(一)箭线

双代号网络图中,箭线即工作,一条箭线代表一项工作。箭线的方向表示工作的开展方向,箭尾表示工作的开始,箭头表示工作的结束。如图 2-7 所示。

1. 双代号网络图中工作的性质

双代号网络图中的工作可分为实工作和虚工作。

(1)实工作

对于一项实际存在的工作,它消耗了一定的资源和时间,称为实工作。对于只消耗时间而不消耗资源的工作,如混凝土的养护,也作为一项实工作考虑。实工作用实箭线表示,将工作的名称标注于箭线上方,工作持续的时间标注于箭线的下方,如图 2-7(a)所示。

(2)虚工作

在双代号网络图中,既不消耗时间也不消耗资源,表示工作之间逻辑关系的工作,称为虚工作。虚工作用虚箭线表示,如图 2-7(b)所示。

(a) 实工作　　　　　　　　　　(b) 虚工作

图 2-7　双代号网络图中一项工作的表达形式

2. 双代号网络图中工作间的关系

按照双代号网络图中工作之间的相互关系可将工作分为以下几种类型:

① 紧前工作：紧排在本工作之前的工作。

② 紧后工作：紧排在本工作之后的工作。

③ 平行工作：可与本工作同时进行的工作。

④ 起始工作：没有紧前工作的工作。

⑤ 结束工作：没有紧后工作的工作。

⑥ 先行工作：自起始工作开始至本工作之前的所有工作。

⑦ 后续工作：本工作之后至整个工程完工为止的所有工作。

[问一问]

紧前工作与先行工作，紧后工作与后续工作它们之间有何关系？

其中，紧前工作、紧后工作和平行工作用图形表达，如图 2-8 所示。

图 2-8 双代号网络图工作的关系

(二)节点

在双代号网络图中，圆圈"○"代表节点。节点表示一项工作的开始时刻或结束时刻，同时它是工作的连接点。如图 2-9 所示。

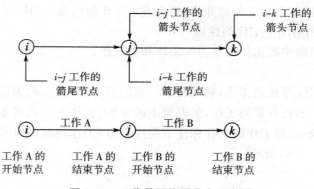

图 2-9 双代号网络图节点示意图

1. 节点的分类

一项工作，箭线指向的节点是工作的结束节点；引出箭线的节点是工作的开始节点。一项网络计划的第一个节点，称为该项网络计划的起始节点，它是整个项目计划的开始节点；一项网络计划的最后一个节点，称为终点节点，表示一项计划的结束。其余节点称为中间节点，如图 2-9 所示。

2. 节点的编号

为了便于网络图的检查和计算，需对网络图各节点进行编号。编号由起始节点顺箭线方向至终点节点由小到大进行编制。要求每一项工作的开始节点号码小于结束节点号码,以不同的编码代表不同的工作;不重号,不漏编。可采用不连续编号方法,以备网络图调整时留出备用节点号。

(三)线路

网络图中,由起始节点沿箭线方向经过一系列箭线与节点至终点节点,所形成的路线,称为线路。如图 2-10 所示的网络图中共有 5 条线路。

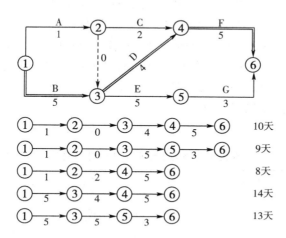

图 2-10 双代号网络图线路示意图

1. 关键线路与非关键线路

在一项计划的所有线路中,持续时间最长的线路,其对整个工程的完工起着决定性作用,称为关键线路,其余线路称为非关键线路。关键线路的持续时间即为该项计划的工期。在网络图中一般以双箭线、粗箭线或其他颜色箭线表示关键线路,如图 2-10 所示。

2. 关键工作与非关键工作

位于关键线路上的工作称为关键工作,其余工作称为非关键工作。关键工作完成的快慢直接影响整个计划工期的实现。

一个网络图中,有时可能出现若干条关键线路,它们的持续时间相等。关键线路并不是一成不变的,在一定条件下,关键线路和非关键线路会互相转化。非关键工作是非关键线路上的工作,在保证计划工期的前提下,它具有一定的机动时间,称为时差。利用非关键工作具有的时差可以科学地、合理地调配资源和进行网络计划优化。

[想一想]

如何判别关键线路?

二、双代号网络图的绘制

(一)双代号网络图逻辑关系的表达方法

1. 逻辑关系的概念

逻辑关系是指网络计划中各项工作客观存在的一种相互依赖、相互制约的关系,也就是先后顺序关系,包括工艺关系和组织关系。

（1）工艺关系

是指由生产关系决定的各工作之间客观存在的先后顺序。对于一个具体的分部工程来说，当确定了施工方法之后，则该分部工程的各个工作的先后顺序一般是固定的，是不能随意颠倒的。

（2）组织关系

是指网络计划中考虑劳动力、机具或资源、工期等影响，在各工作之间主观上安排的顺序关系。这种关系不受施工工艺的限制，不是由工艺性质决定的，而是在保证施工质量、安全和工期的情况下，可以人为安排的顺序关系。如将地基与基础工程在平面上分为三个施工段，先进行第一段还是先进行第二段，或者先进行第三段，是由组织施工的人员在制订实施方案时确定的，通常可以改变。

2. 逻辑关系的正确表达方法

表2-1是双代号网络图中常见工作的逻辑关系表达方法。

[想一想]
对于一个简单的砖基工程,应该包含什么样的工艺关系?

表2-1 双代号网络图中常见工作的逻辑关系表达方法

序号	工作间的逻辑关系	网络图中的表达方法	说明
1	A 工作完成后进行 B 工作		A 工作的结束节点是 B 工作的开始节点
2	A、B、C 三项工作同时开始		三项工作具有同时的开始节点
3	A、B、C 三项工作同时结束		三项工作具有同时的结束节点
4	A 工作完成后进行 B 和 C 工作		A 工作的结束节点是 B、C 工作的开始节点
5	A、B 工作完成后进行 C 工作		A、B 工作的结束节点是 C 工作的开始节点
6	A、B 工作完成后进行 C、D 工作		A、B 工作的结束节点是 C、D 工作的开始节点
7	A 工作完成后进行 C 工作 A、B 工作完成后进行 D 工作		引入虚箭线，使 A 工作成为 D 工作的紧前工作

[问一问]
网络图与横道图都能反应各项工作之间的依赖和制约关系吗?

序号	工作间的逻辑关系	网络图中的表达方法	说明
8	A、B 工作完成后进行 D 工作 B、C 工作完成后进行 E 工作	（A→D，B虚线，C→E）	引入两道虚箭线，使 B 工作成为 D、E 工作的紧前工作
9	A、B、C 工作完成后进行 D 工作 B、C 工作完成后进行 E 工作	（A→D，B→E，C）	引入虚箭线，使 B、C 工作成为 D 工作的紧前工作
10	A、B 两个施工过程，按三个施工段流水施工	A_1 A_2 A_3 B_1 B_2 B_3	引入虚箭线，B_2 工作的开始受到 A_2 和 B_1 两项工作的制约

（二）双代号网络图中虚工作的应用

在双代号网络图中，虚工作一般起着联系、区分和断路的作用。

1. 联系作用

引入虚工作，将有组织联系或工艺联系的相关工作用虚箭线连接起来，确保逻辑关系的正确。如表 2-1 第 10 项所列，B_2 工作的开始，从组织联系上讲，需在 B_1 工作完成后才能进行；从工艺联系上讲，B_2 工作的开始，须在 A_2 工作结束后进行，引入虚箭线，表达这一工艺联系。

2. 区分作用

双代号网络图中，以两个代号表示一项工作，对于同时开始同时结束的两个平行工作的表达，需引入虚工作以示区别，如图 2-11 所示。

［问一问］
什么样的实际工程情况下需要使用虚工作？

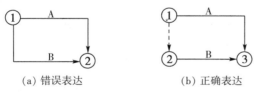

（a）错误表达　　　　（b）正确表达

图 2-11　虚工作的区分作用

3. 断路作用

引入虚工作，在线路上隔断无逻辑关系的各项工作。产生错误的地方总是在同时有多条内向和外向箭线的节点处。

（三）双代号网络图的绘图规则

（1）双代号网络图必须正确表达已定的逻辑关系。

（2）双代号网络图中应只有一个起始节点和一个终点节点（多目标网络计划除外）；而其他所有节点均应是中间节点。

（3）双代号网络图中，严禁出现循环回路。所谓循环回路是指从网络图中的某一个节点出发，顺着箭线方向又回到了原来出发点的线路。如图 2-12 所示。

（4）双代号网络图中，在节点之间严禁出现带双向箭头或无箭头的连线。如图 2-13 所示。

图 2-12　错误的循环回路　　　　图 2-13　错误的箭线画法

（5）双代号网络图中，严禁出现没有箭头节点或没有箭尾节点的箭线。如图 2-14 所示。

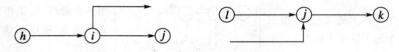

图 2-14　错误的没有箭头节点或箭尾节点的箭线

（6）当双代号网络图的某些节点有多条外向箭线或多条内向箭线时，为使图形简洁，可使用母线法绘制（但应满足一项工作用一条箭线和相应的一对结点表示）。如图 2-15 所示。

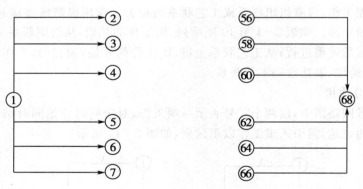

图 2-15　母线表示方法

（7）绘制网络图时，箭线尽量避免交叉；当交叉不可避免时，可用过桥法或断线法、指向法。如图 2-16 所示。

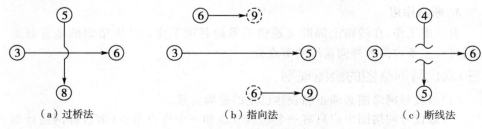

（a）过桥法　　　　　　（b）指向法　　　　　　（c）断线法

图 2-16　箭线交叉的表示方法

(8)一对节点之间只能有一条箭线,如图 2-11 所示。

(9)网络图中不允许出现编号相同的节点或工作。

(10)正确利用虚箭线,力求减少不必要的虚箭线。

三、双代号网络图时间参数的计算

双代号网络计划时间参数计算的目的在于通过计算各项工作的时间参数,确定网络计划的关键工作、关键线路和计算工期,为网络计划的优化、调整和执行提供明确的时间参数。双代号网络计划时间参数的计算方法很多,一般常用的有:按工作计算法和按节点计算法进行计算;在计算方式上又有分析计算法、表上计算法、图上计算法、矩阵计算法和电算法等。本节只介绍按工作计算法在图上进行计算的方法(图上计算法)。

(一)时间参数的概念及其符号

1. 工作持续时间(D_{i-j})

工作持续时间是对一项工作规定的从开始到完成的时间。在双代号网络计划中,工作 $i-j$ 的持续时间用 D_{i-j} 表示。

2. 工期(T)

工期泛指完成任务所需要的时间,一般有以下三种:

(1) 计算工期(T_c)

根据网络计划时间参数计算出来的工期。

(2) 要求工期(T_r)

任务委托人所要求的工期。

(3) 计划工期(T_p)

在要求工期和计算工期的基础上综合考虑需要和可能而确定的工期。网络计划的计划工期 T_p 应按下列情况分别确定:

① 当已规定了要求工期 T_r 时

$$T_p \leqslant T_r \qquad\qquad (2-1)$$

② 当未规定要求工期时,可令计划工期等于计算工期

$$T_p = T_c \qquad\qquad (2-2)$$

3. 网络计划中工作的六个时间参数

(1) 最早开始时间(ES_{i-j})

是指在各紧前工作全部完成后,本工作有可能开始的最早时刻。

(2) 最早完成时间(EF_{i-j})

是指在各紧前工作全部完成后,本工作有可能完成的最早时刻。

(3) 最迟开始时间(LS_{i-j})

是指在不影响整个任务按期完成的前提下,工作必须开始的最迟时刻。

(4) 最迟完成时间(LF_{i-j})

是指在不影响整个任务按期完成的前提下,工作必须完成的最迟时刻。

（5）总时差（TF_{i-j}）

是指在不影响总工期的前提下，本工作可以利用的机动时间。

（6）自由时差（FF_{i-j}）

是指在不影响其紧后工作最早开始的前提下，本工作可以利用的机动时间。

按工作计算法计算网络计划中各时间参数，其计算结果应标注在箭线之上，如图 2-17 所示。

[做一做]

查阅资料，写出工作时间参数的其他标注形式。

图 2-17　工作时间参数六时标注形式

（二）双代号网络计划时间参数计算

按工作计算法在网络图上计算 6 个工作时间参数，必须在清楚计算顺序和计算步骤的基础上，列出必要的公式，以加深对时间参数计算的理解。时间参数的计算步骤为：

1. 最早开始时间和最早完成时间的计算

综上所述，工作最早时间参数受到紧前工作的约束，故其计算顺序应从起始节点开始，顺着箭线方向依次逐项计算。

（1）以网络计划的起始节点为开始结点的工作的最早开始时间为零。如网络计划起始节点的编号为 1，则：

$$ES_{1-j} = 0 \tag{2-3}$$

（2）顺着箭线方向依次计算各个工作的最早完成时间和最早开始时间。

① 最早完成时间等于最早开始时间加上其持续时间：

$$EF_{i-j} = ES_{i-j} + D_{i-j} \tag{2-4}$$

② 最早开始时间等于各紧前工作的最早完成时间 EF_{h-i} 的最大值：

$$ES_{i-j} = \max[EF_{h-i}] \tag{2-5}$$

或
$$ES_{i-j} = \max[ES_{h-i} + D_{h-i}] \tag{2-6}$$

2. 确定计算工期

计算工期等于以网络计划的终点节点为箭头节点的各个工作的最早完成时间的最大值。当网络计划终点节点的编号为 n 时，计算工期：

$$T_c = \max[EF_{i-n}] \tag{2-7}$$

当无要求工期的限制时,取计划工期等于计算工期,即取:$T_P = T_c$。

3. 最迟开始时间和最迟完成时间的计算

工作最迟时间参数受到紧后工作的约束,故其计算顺序应从终点节点起,逆着箭线方向依次逐项计算。

(1)以网络计划的终点节点($j = n$)为箭头节点的工作的最迟完成时间等于计划工期 T_P,即:

$$LF_{i-n} = T_P \qquad\qquad (2-8)$$

(2)逆着箭线方向依次计算各个工作的最迟开始时间和最迟完成时间。

① 最迟开始时间等于最迟完成时间减去其持续时间:

$$LS_{i-j} = LF_{i-j} - D_{i-j} \qquad\qquad (2-9)$$

② 最迟完成时间等于各紧后工作的最迟开始时间 LS_{j-k} 的最小值:

$$LF_{i-j} = \min[LS_{j-k}] \qquad\qquad (2-10)$$

或 $$LF_{i-j} = \min[LF_{j-k} - D_{j-k}] \qquad\qquad (2-11)$$

4. 计算工作总时差

总时差等于其最迟开始时间减去最早开始时间,或等于最迟完成时间减去最早完成时间:

$$TF_{i-j} = LS_{i-j} - ES_{i-j} \qquad\qquad (2-12)$$

$$TF_{i-j} = LF_{i-j} - EF_{i-j} \qquad\qquad (2-13)$$

5. 计算工作自由时差

当工作 $i - j$ 有紧后工作 $j - k$ 时,其自由时差应为:

$$FF_{i-j} = ES_{j-k} - EF_{i-j} \qquad\qquad (2-14)$$

或 $$FF_{i-j} = ES_{j-k} - ES_{i-j} - D_{i-j} \qquad\qquad (2-15)$$

以网络计划的终点节点($j = n$)为箭头节点的工作,其自由时差 FF_{i-n} 应按网络计划的计划工期 T_P 确定,即:

$$FF_{i-n} = T_P - EF_{i-n} \qquad\qquad (2-16)$$

[问一问]
自由时差与时间间隔有什么区别?

6. 关键工作和关键线路的确定

(1)关键工作

总时差最小的工作是关键工作。

(2)关键线路

自始至终全部由关键工作组成的线路为关键线路。若网络图较简单也可不计算时间参数,直接将线路上总的工作持续时间最长的线路确定为关键线路。

课目一:双代号网络图的逻辑关系及虚工作的应用

(一)背景资料

某现浇楼板工程的网络图,有三项施工过程(支模板、扎钢筋、浇筑混凝土),分三段施工。绘制了如图2-18所示的双代号网络图。

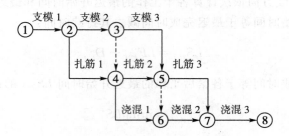

图2-18　存在错误的双代号网络图

(二)问题

找出图2-18所示网络图中的错误,并绘制出正确的网络图。

(三)分析与解答

1. 存在错误

第一施工段的浇筑混凝土与第二施工段的支模板没有逻辑上的关系,同样第二施工段的浇筑混凝土与第三施工段的支模板也没有逻辑上的关系,但在图中却连起来了,这是网络图中原则性的错误。

2. 错误原因

把前后具有不同工作性质、不同关系的工作用一个节点连接起来所致。

3. 解决方法

引入虚工作。

4. 正确画法

如图2-19所示。

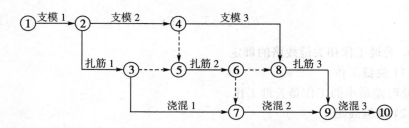

图2-19　修改后正确的网络图

课目二:双代号网络图的绘制

(一) 背景资料

某工程有表2-2所示的网络计划资料。

表2-2　某工程的网络计划资料表

工作	A	B	C	D	E	G	H
紧前工作	—	—	—	—	A、B	B、C、D	C、D

(二) 问题

由各工作的逻辑关系绘制双代号网络图。

(三) 分析与解答

1. 各项工作的逻辑关系

表2-3　各项工作的逻辑关系

工作	A	B	C	D	E	G	H
紧前工作	—	—	—	—	A、B	B、C、D	C、D
紧后工作	E	E、G	G、H	G、H	—	—	—

2. 双代号网络图的绘制步骤

先根据网络图的逻辑关系,绘制出网络图草图,再结合绘图规则进行布局调整,最后形成正式网络图。当已知每一项工作的紧前工作时,可按下述步骤绘制双代号网络图:

(1) 根据已有的紧前工作找出每项工作的紧后工作。

(2) 首先绘制没有紧前工作的工作,这些工作与起始节点相连。

(3) 根据各项工作的紧后工作依次绘制其他各项工作。

(4) 合并没有紧后工作的箭线,即为终点节点。

(5) 确认无误,进行节点编号。

3. 绘制双代号网络图

绘制网络图如图2-20所示。

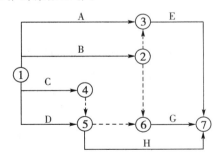

图2-20　根据逻辑关系绘制的双代号网络图

课目三:双代号网络图时间参数的计算实例

(一) 背景资料

某工程有表2-4所示的网络计划资料。

表 2-4　某工程的网络计划资料表

工作	A	B	C	D	E	F	H	G
紧前工作	—	—	B	B	A、C	A、C	D、F	D、E、F
持续时间(天)	4	2	3	3	5	6	5	3

(二) 问题

绘制双代号网络图;若计划工期等于计算工期,计算各项工作的六个时间参数并确定关键线路,标注在网络计划上。

(三) 分析与解答

1. 绘制双代号网络图

根据上表中网络计划的有关资料,按照网络图的绘图步骤和规则,绘制双代号网络图,如图 2-21 所示(本图已包括本课目解答中的所有要素)。

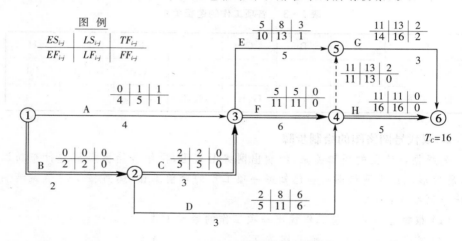

图 2-21　双代号网络图绘图实例

2. 计算各项工作的时间参数,并将计算结果标注在箭线上方相应的位置

(1) 计算各项工作的最早开始时间和最早完成时间

从起始节点(①节点)开始顺着箭线方向依次逐项计算到终点节点(⑥节点)。

① 以网络计划起始节点为开始节点的各工作的最早开始时间为零:

$$ES_{1-2} = ES_{1-3} = 0$$

② 计算各项工作的最早开始和最早完成时间:

$$EF_{1-2} = ES_{1-2} + D_{1-2} = 0 + 2 = 2$$

$$EF_{1-3} = ES_{1-3} + D_{1-3} = 0 + 4 = 4$$

$$ES_{2-3} = ES_{2-4} = EF_{1-2} = 2$$

$$EF_{2-3} = ES_{2-3} + D_{2-3} = 2 + 3 = 5$$

$$EF_{2-4} = ES_{2-4} + D_{2-4} = 2 + 3 = 5$$

$$ES_{3-4} = ES_{3-5} = \max[EF_{1-3}, EF_{2-3}] = \max[4, 5] = 5$$

$$EF_{3-4} = ES_{3-4} + D_{3-4} = 5 + 6 = 11$$

$$EF_{3-5} = ES_{3-5} + D_{3-5} = 5 + 5 = 10$$

$$ES_{4-6} = ES_{4-5} = \max[EF_{3-4}, EF_{2-4}] = \max[11, 5] = 11$$

$$EF_{4-6} = ES_{4-6} + D_{4-6} = 11 + 5 = 16$$

$$EF_{4-5} = 11 + 0 = 11$$

$$ES_{5-6} = \max[EF_{3-5}, EF_{4-5}] = \max[10, 11] = 11$$

$$ES_{5-6} = 11 + 3 = 14$$

将以上计算结果标注在图 2-21 中的相应位置。

(2) 确定计算工期 T_C 及计划工期 T_P

计算工期：$T_C = \max[EF_{5-6}, EF_{4-6}] = \max[14, 16] = 16$

已知计划工期等于计算工期，即：

计划工期：$T_P = T_C = 16$

(3) 计算各项工作的最迟开始时间和最迟完成时间

从终点节点(⑥节点)开始逆着箭线方向依次逐项计算到起始节点(①节点)。

① 以网络计划终点节点为箭头节点的工作的最迟完成时间等于计划工期：

$$LF_{4-6} = LF_{5-6} = 16$$

② 计算各项工作的最迟开始和最迟完成时间：

$$LS_{4-6} = LF_{4-6} - D_{4-6} = 16 - 5 = 11$$

$$LS_{5-6} = LF_{5-6} - D_{5-6} = 16 - 3 = 13$$

$$LF_{3-5} = LF_{4-5} = LS_{5-6} = 13$$

$$LS_{3-5} = LF_{3-5} - D_{3-5} = 13 - 5 = 8$$

$$LS_{4-5} = LF_{4-5} - D_{4-5} = 13 - 0 = 13$$

$$LF_{2-4} = LF_{3-4} = \min[LS_{4-5}, LS_{4-6}] = \min[13, 11] = 11$$

$$LS_{2-4} = LF_{2-4} - D_{2-4} = 11 - 3 = 8$$

$$LS_{3-4} = LF_{3-4} - D_{3-4} = 11 - 6 = 5$$

$$LF_{1-3} = LF_{2-3} = \min[LS_{3-4}, LS_{3-5}] = \min[5, 8] = 5$$

$$LS_{1-3} = LF_{1-3} - D_{1-3} = 5 - 4 = 1$$

$$LS_{2-3} = LF_{2-3} - D_{2-3} = 5 - 3 = 2$$

$$LF_{1-2} = \min[LS_{2-3}, LS_{2-4}] = \min[2, 8] = 2$$

$$LS_{1-2} = LF_{1-2} - D_{1-2} = 2 - 2 = 0$$

(4) 计算各项工作的总时差 TF_{i-j}

可以用工作的最迟开始时间减去最早开始时间或用工作的最迟完成时间减去最早完成时间：

$$TF_{1-2} = LS_{1-2} - ES_{1-2} = 0 - 0 = 0$$

或　$$TF_{1-2} = LF_{1-2} - EF_{1-2} = 2 - 2 = 0$$

$$TF_{1-3} = LS_{1-3} - ES_{1-3} = 1 - 0 = 1$$

$$TF_{2-3} = LS_{2-3} - ES_{2-3} = 2 - 2 = 0$$

$$TF_{2-4} = LS_{2-4} - ES_{2-4} = 8 - 2 = 6$$

$$TF_{3-4} = LS_{3-4} - ES_{3-4} = 5 - 5 = 0$$

$$TF_{3-5} = LS_{3-5} - ES_{3-5} = 8 - 5 = 3$$

$$TF_{4-6} = LS_{4-6} - ES_{4-6} = 11 - 11 = 0$$

$$TF_{5-6} = LS_{5-6} - ES_{5-6} = 13 - 11 = 2$$

将以上计算结果标注在图 2-21 中的相应位置。

(5) 计算各项工作的自由时差 FF_{i-j}

等于紧后工作的最早开始时间减去本工作的最早完成时间：

$$FF_{1-2} = ES_{2-3} - EF_{1-2} = 2 - 2 = 0$$

$$FF_{1-3} = ES_{3-4} - EF_{1-3} = 5 - 4 = 1$$

$$FF_{2-3} = ES_{3-5} - EF_{2-3} = 5 - 5 = 0$$

$$FF_{2-4} = ES_{4-6} - EF_{2-4} = 11 - 5 = 6$$

$$FF_{3-4} = ES_{4-6} - EF_{3-4} = 11 - 11 = 0$$

$$FF_{3-5} = ES_{5-6} - EF_{3-5} = 11 - 10 = 1$$

$$FF_{4-6} = T_P - EF_{4-6} = 16 - 16 = 0$$

$$FF_{5-6} = T_P - EF_{5-6} = 16 - 14 = 2$$

将以上计算结果标注在图 2-21 中的相应位置。

(6) 确定关键工作及关键线路

在图 2-21 中，最小的总时差是 0，所以，凡是总时差为 0 的工作均为关键工作。该例中的关键工作是：①—②,②—③,③—④,④—⑥(或关键工作是:B、C、F、H)。

在图 2-21 中，自始至终全由关键工作组成的关键线路是：①—②—③—④—⑥,关键线路用双箭线进行标注。

第三节　　双代号时标网络计划

一、时标网络计划的坐标体系

时间坐标网络计划,简称时标网络计划,是以水平时间坐标为尺度编制的双代号网络计划。

1. 双代号时标网络计划的一般规定

(1)时间坐标的时间单位应根据需要在编制网络计划之前确定,可为:季、月、周、天等;

(2)时标网络计划应以实箭线表示实工作,以虚箭线表示虚工作,以波形线表示工作的自由时差;

(3)时标网络计划中所有符号在时间坐标上的水平投影位置,都必须与其时间参数相对应。节点中心必须对准相应的时标位置;

(4)虚工作必须以垂直方向的虚箭线表示,有自由时差时加水平波形线表示。

2. 双代号时标网络计划的特点

(1)时标网络计划兼有网络计划与横道计划的优点,它能够清楚地表明计划的时间进程,使用方便;

(2)时标网络计划能在图上直接显示出各项工作的开始与完成时间,工作的自由时差及关键线路;

(3)在时标网络计划中可以统计每一个单位时间对资源的需要量,以便进行资源优化和调整;

(4)由于箭线受到时间坐标的限制,当情况发生变化时,对网络计划的修改比较麻烦,往往要重新绘图。但在使用计算机以后,这一问题已较容易解决。

[问一问]
时标网络计划与标时网络计划有何区别?

二、双代号时标网络计划的编制

时标网络计划宜按各个工作的最早开始时间编制。在编制时标网络计划之前,应先按已确定的时间单位绘制出时标计划表,如表 2－5 所示。

表 2－5　时标计划表

日历																
(时间单位)	1	2	3	4	5	6	7	8	9	10	11	12	13	14	15	16
网络计划																
(时间单位)	1	2	3	4	5	6	7	8	9	10	11	12	13	14	15	16

双代号时标网络计划的编制方法有两种:

(1)间接法绘制

先绘制出标时网络计划,计算各工作的最早时间参数,再根据最早时间参数在时标计划表上确定节点位置,连线完成,某些工作箭线长度不足以到达该工作的完成节点时,用波形线补足。

(2) 直接法绘制

根据网络计划中工作之间的逻辑关系及各工作的持续时间,直接在时标计划表上绘制时标网络计划。绘制步骤如下:

① 将起始节点定位在时标表的起始刻度线上;

② 按工作持续时间在时标计划表上绘制起始节点的外向箭线;

③ 其他工作的开始节点必须在其所有紧前工作都绘出以后,定位在这些紧前工作最早完成时间最大值的时间刻度上,某些工作的箭线长度不足以到达该节点时,用波形线补足,箭头画在波形线与节点连接处;

④ 用上述方法从左至右依次确定其他节点位置,直至网络计划终点节点定位,绘图完成。

[问一问]

直接法与间接法哪种更简便一些?

三、双代号时标网络计划时间参数计算

(一)关键线路和计算工期的确定

1. 时标网络计划关键线路的确定

时标网络计划关键线路的确定,应自终点节点逆箭线方向朝起始节点逐次进行判定:从终点到起点不出现波形线的线路即为关键线路。如图 2-22 所示,关键线路是:①—④—⑥—⑦—⑧,用双箭线表示。

2. 时标网络计划的计算工期

时标网络计划的计算工期,应是终点节点与起始节点所在位置之差。如图 2-22 所示,计算工期 $T_C = 14 - 0 = 14$(天)。

[想一想]

到目前为止,我们学了几种判断关键线路的方法?

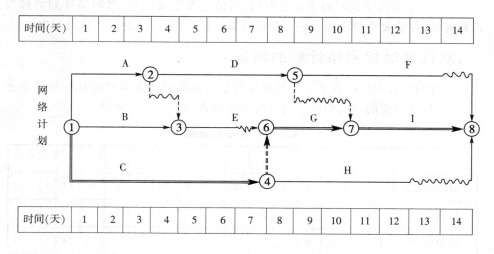

图 2-22 双代号时标网络计划

(二)时标网络计划时间参数的确定

时标网络计划中,工作时间参数的确定步骤如下:

1. 最早时间参数的确定

按最早开始时间绘制时标网络计划,最早时间参数可以从图上直接确定:

(1) 最早开始时间 ES_{i-j}

每条实箭线左端箭尾节点(i节点)中心所对应的时标值,即为该工作的最早开始时间。

(2) 最早完成时间 EF_{i-j}

若箭线右端无波形线,则该箭线右端节点(j节点)中心所对应的时标值为该工作的最早完成时间;若箭线右端有波形线,则实箭线右端末所对应的时标值即为该工作的最早完成时间。

2. 自由时差的确定

时标网络计划中各工作的自由时差值应为表示该工作的箭线中波形线部分在坐标轴上的水平投影长度。但当工作之后只紧接虚工作时,则该工作箭线上一定不存在波形线,而其紧接的虚箭线中波形线水平投影长度的最短者为该工作的自由时差。

3. 总时差的确定

时标网络计划中工作的总时差的计算应自右向左进行,且符合下列规定:

(1) 以终点节点($j=n$)为箭头节点的工作的总时差 TF_{i-n} 应按网络计划的计划工期 T_P 计算确定,即:

$$TF_{i-n} = T_P - EF_{i-n} \tag{2-17}$$

(2) 其他工作的总时差等于其紧后工作 $j-k$ 总时差的最小值与本工作的自由时差之和,即:

$$TF_{i-j} = \min[TF_{j-k}] + FF_{i-j} \tag{2-18}$$

4. 最迟时间参数的确定

时标网络计划中工作的最迟开始时间和最迟完成时间可按下式计算:

$$LS_{i-j} = ES_{i-j} + TF_{i-j} \tag{2-19}$$

$$LF_{i-j} = EF_{i-j} + TF_{i-j} \tag{2-20}$$

【实践训练】

课目一:双代号时标网络图的绘制

(一) 背景资料

某工程有表 2-6 所示的网络计划资料。

表 2-6　某工程的网络计划资料表

工作名称	A	B	C	D	E	F	G	H	I
紧前工作	—	—	—	A	A、B	D	C、E	C	D、G
持续时间(天)	3	4	7	5	2	5	3	5	4

(二)问题

用直接法绘制双代号时标网络计划。

(三)分析与解答

1. 绘图步骤

(1)将网络计划的起始节点定位在时标表的起始刻度线位置上,如图2-23所示,起始节点的编号为1;

(2)画节点①的外向箭线,即按各工作的持续时间,画出无紧前工作的A、B、C工作,并确定节点②、③、④的位置;

(3)依次画出节点②、③、④的外向箭线工作D、E、H,并确定节点⑤、⑥的位置。节点⑥的位置定位在其两条内向箭线的最早完成时间的最大值处,即定位在时标值7的位置,工作E的箭线长度达不到⑥节点,则用波形线补足;

(4)按上述步骤,直到画出全部工作,确定出终点节点⑧的位置,时标网络计划绘制完毕,如图2-23所示。

2. 按步骤绘图

直接法绘制双代号时标网络计划,如图2-23所示。

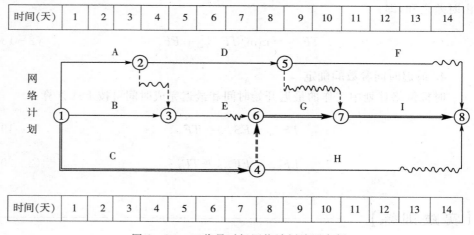

图2-23　双代号时标网络计划绘图实例

课目二:双代号时标网络计划时间参数计算实例

(一)背景资料

如图2-23所示的双代号时标网络计划。

（二）问题

确定其 6 个工作时间参数。

（三）分析与解答

1. 最早开始时间 ES_{i-j} 和最早完成时间 EF_{i-j} 的确定

$$ES_{1-3}=0, EF_{1-3}=4; ES_{3-6}=4, EF_{3-6}=6$$

以此类推确定。

2. 自由时差的确定

工作 E、H、F 的自由时差分别为：$FF_{3-6}=1$；$FF_{4-8}=2$；$FF_{5-8}=1$

3. 总时差的确定

（1）以终点节点（$j=n$）为箭头节点的工作的总时差 TF_{i-n}，如图可知，工作 F、J、H、的总时差分别为：

$$TF_{5-8}=T_P-EF_{5-8}=14-13=1$$

$$TF_{7-8}=T_P-EF_{7-8}=14-14=0$$

$$TF_{4-8}=T_P-EF_{4-8}=14-12=2$$

（2）其他工作的总时差 TF_{i-j}，如图可知，各项工作的总时差计算如下：

$$TF_{6-7}=TF_{7-8}+FF_{6-7}=0+0=0$$

$$TF_{3-6}=TF_{6-7}+FF_{3-6}=0+1=1$$

$$TF_{2-5}=\min[TF_{5-7}, TF_{5-8}]+FF_{2-5}=\min[2,1]+0=1+0=1$$

$$TF_{1-4}=\min[TF_{4-6}, TF_{4-8}]+FF_{1-4}=\min[0,2]+0=0+0=0$$

$$TF_{1-3}=TF_{3-6}+FF_{1-3}=1+0=1$$

$$TF_{1-2}=\min[TF_{2-3}, TF_{2-5}]+FF_{1-2}=\min[2,1]+0=1+0=1$$

4. 最迟时间参数的确定

$$LS_{1-2}=ES_{1-2}+TF_{1-2}=0+1=1$$

$$LF_{1-2}=EF_{1-2}+TF_{1-2}=3+1=4$$

$$LS_{1-3}=ES_{1-3}+TF_{1-3}=0+1=1$$

$$LF_{1-3}=EF_{1-3}+TF_{1-3}=4+1=5$$

由此类推，可计算出各项工作的最迟开始时间和最迟完成时间。由于所有工作的最早开始时间、最早完成时间和总时差均为已知，故计算容易，此处不再一一列举。

第四节　关键线路两种简便确定方法

前面我们介绍了确定关键线路的几种方法,但这些方法要么经过计算时间参数才能确定出关键线路,要么绘制出时标网络图才能确定出关键线路,都比较繁琐。下面介绍两种不用计算时间参数也不用绘制时标网络图就能确定出关键线路的简便方法 —— 标号法和破圈法。

一、标号法

标号法是一种可以快速确定计算工期和关键线路的方法。它利用节点计算法的基本原理,对网络计划中的每一个节点进行标号,然后利用标号值确定网络计划的计算工期和关键线路。其步骤如下:

(1) 确定节点标号值并标注

设网络计划起始节点的标号值为零即 $b_1 = 0$,其他节点的标号值等于以该节点为完成节点的各个工作的开始节点标号值加其持续时间之和的最大值,即:

$$b_j = \max \left[b_i + D_{i-j} \right] \qquad (2-21)$$

用双标号法进行标注,即用源节点(得出标号值的节点)作为第一标号,用标号值作为第二标号,标注在节点的上方。

(2) 计算工期

网络计划终点节点的标号值即为计算工期。

(3) 确定关键线路

从终点节点出发,依源节点号反跟踪到起始节点的线路即为关键线路。

二、破圈法

[做一做]

列出确定关键线路的几种方法。

在一个网络中有许多节点和线路,这些节点和线路形成了许多封闭的"圈"。这里所谓的"圈"是指在两个节点之间由两条线路连通该两个节点所形成的最小圈。破圈法是将网络中各个封闭圈的两条线路按各自所含工作的持续时间来进行比较,逐个"破圈",直至圆圈不可破时为止,最后剩下的线路即为网络图的关键线路。

步骤:从起始节点到终点节点进行观察,凡遇到节点有两个及以上的内向箭线时,按线路工作时间长短,把较短线路流进的一个箭头去掉(注意只去掉一个),便可把较短路线断开。能从起始节点顺箭头方向走到终点节点的所有路线,便是关键线路。

【实践训练】

课目一:标号法确定其关键线路

(一) 背景资料

已知某工程项目双代号网络计划如图 2-24 所示。

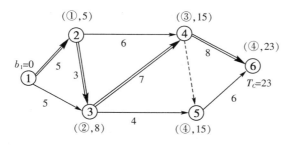

图 2-24 某工程项目双代号网络计划图

(二) 问题

试用标号法确定其计算工期和关键线路。

(三) 分析与解答

1. 对网络计划进行标号,各节点的标号值计算如下,并标注在图上。

$b_1 = 0; b_2 = b_1 + D_{1-2} = 0 + 5 = 5;$

$b_3 = \max\left[(b_1 + D_{1-3}),(b_2 + D_{2-3})\right] = \max[(0+5),(5+3)] = 8;$

$b_4 = \max[(b_2 + D_{2-4}),(b_3 + D_{3-4})] = \max\left[(5+6),(8+7)\right] = 15;$

$b_5 = \max\left[(b_4 + D_{4-5}),(b_3 + D_{3-5})\right] = \max\left[(15+0),(8+4)\right] = 15;$

$b_6 = \max\left[(b_4 + D_{4-6}),(b_5 + D_{5-6})\right] = \max\left[(15+8),(15+6)\right] = 23。$

2. 确定关键线路:从终点节点出发,依源节点号反跟踪到起始节点的线路为关键线路。

如图 2-24 所示,① → ② → ③ → ④ → ⑥ 为关键线路。

课目二:破圈法确定其关键线路

(一) 背景资料

已知某工程项目双代号网络计划如图 2-25 所示。

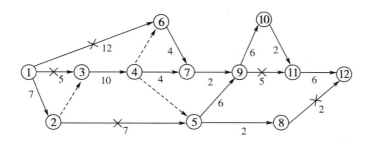

图 2-25 某工程项目双代号网络计划图

(二) 问题

试用破圈法确定其计算工期和关键线路。

(三) 分析与解答

1. 从节点 ① 开始, 节点 ①、②、③ 形成了第一个圈, 即到节点 ③ 有两条线路, 一条是 ①→③, 一条是 ①→②→③。①→③ 需要时间是 5, ①→②→③ 需要时间是 7, 因 7＞5 所以切断 ①→③。

2. 从节点 ② 开始, 节点 ②、③、④、⑤ 形成了第二个圈, 即到节点 ⑤ 有两条线路, 一条是 ②→③→④→⑤, 一条是 ②→⑤。②→③→④→⑤ 需要时间是 10, ②→⑤ 需要时间是 7, 因 10＞7 所以切断 ②→⑤。

3. 同理可切断 ①→⑥; ⑤→⑧→⑫; ⑨→⑪, 详见图 2-25 所示。

4. 剩下的线能从起始节点走到终点节点的线路即为网络图的关键线路, 如图 2-26 所示。关键线路有 3 条: ①→②→③→④→⑦→⑨→⑩→⑪→⑫; ①→②→③→④→⑥→⑦→⑨→⑩→⑪→⑫; ①→②→③→④→⑤→⑨→⑩→⑪→⑫。

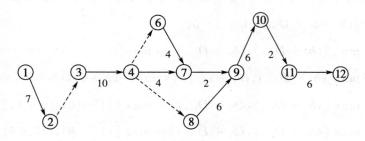

图 2-26　破圈法确定的关键线路

课目三:案例分析

(一) 背景资料

某工程建设项目的施工计划如图 2-27 所示, 网络计划的计划工期为 84 天。在施工过程中, 由于业主原因、不可抗力因素和施工单位原因对各项工作的持续时间产生一定的影响, 其结果如下表 2-7 所示(正数为延长工作天数, 负数为缩短工作天数), 实际工期为 89 天, 如图 2-28 所示。

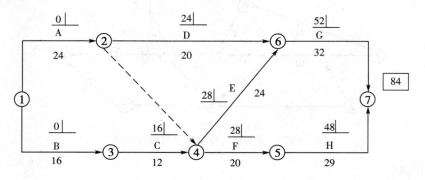

图 2-27　某工程的施工计划图

表 2-7   工期延长原因与经济得失表

工作代号	业主原因	不可抗力因素	施工单位原因	持续时间延长	延长或缩短一天的经济得失(元/天)
A	0	2	0	2	600
B	1	0	1	2	800
C	1	0	—1	0	600
D	2	0	2	4	500
E	0	2	—2	0	700
F	3	2	0	5	800
G	0	2	0	2	600
H	3	0	2	5	500
合计	10	8	2	20	

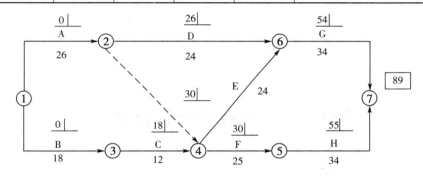

图 2-28   此工程的施工实际网络图

(二) 问题

1. 确定网络计划图 2-27 和图 2-28 的关键线路;

2. 监理工程师应签证延长合同工期几天较为合理? 为什么?(用网络计划图表示)

3. 监理工程师应签证索赔金额多少较为合理? 为什么?

(三) 分析与解答

1. 关键线路的确定可利用已给出的每个工作的最早开工时间。因计划工期已给出,则以终点节点为完成节点的工作,其最迟完成时间等于计划工期。工作的最迟完成时间减去本工作的持续时间即为该工作的最迟开始时间。如此按顺序从右向左逐个工作进行计算,即可得出每个工作的最迟开始时间。已知计划工期等于计算工期,则工作的最迟开始时间与最早开始时间相等的工作,其总时差为零,即为关键工作。从网络计划的起始节点到终点节点全是关键工作组成的线路,即为关键线路。

亦可利用本节方法找出网络计划的四条线路中总持续时间最长的线路即为关键线路。

图 2-27 的关键线路是 B→C→E→G 或 ①→③→④→⑥→⑦；图 2-28 的关键线路为 B→C→F→H 或 ①→③→④→⑤→⑦。

2. 由非施工单位原因造成的工期延长应给予延期。考虑业主原因、不可抗力因素导致的延期作出实际的网络图，如图 2-29 所示。签证顺延的工期为 90 — 84 = 6（天）。

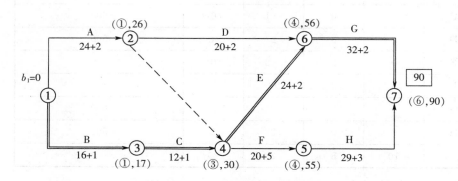

图 2-29   非施工单位原因延期的实际网络图

3. 只考虑因业主直接原因所造成的经济损失部分，即：

$$800 + 600 + 2 \times 500 + 3 \times 800 + 3 \times 500 = 6300（万元）$$

第五节   单代号网络计划

一、单代号网络图的表示方法

单代号网络图是网络计划的另一种表示方法。它是用一个圆圈或方框代表一项工作，将工作代号、工作名称和完成工作所需要的时间写在圆圈或方框里面，箭线仅用来表示工作之间的顺序关系。图 2-30 所示是一个简单的单代号网络图及其常见的单代号表示方法。

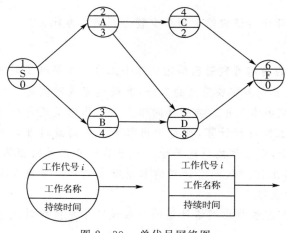

图 2-30   单代号网络图

单代号网络图和双代号网络图所表达的计划内容是一致的，两者的区别仅在于绘图的符号不同。单代号网络图的箭线的含义是表示顺序关系，节点表示一项工作；而双代号网络图的箭线表示的是一项工作，节点表示联系。在双代号网络图中出现较多的虚工作，而单代号网络图没有虚工作。

[想一想]
单代号和双代号网络图有什么区别？

二、单代号网络图的绘制

绘制单代号网络图需遵循以下规则：

1. 箭线应画成水平直线、折线或斜线。单代号网络图中不设虚箭线，箭线的箭尾节点编号应小于箭头节点的编号。箭线水平投影的方向应自左向右，表达工作的进行方向。

2. 节点必须编号，严禁重复。一项工作只能有唯一的一个节点和唯一的一个编号。

3. 严禁出现循环回路。

4. 严禁出现双向箭头或无箭头的连线；严禁出现没有箭尾节点的箭线和没有箭头节点的箭线。

5. 箭线尽量避免交叉。当交叉不可避免时，可采用过桥法、断线法和指向法绘制。

6. 单代号网络图只应有一个起始节点和一个终点节点，当网络图中有多项起始节点或多项终点节点时，应在网络图的两端分别设置一项虚工作，作为该网络图的起始节点和终点节点。

三、单代号网络图时间参数的计算

单代号网络图时间参数 ES、LS、EF、LF、TF、FF 的计算与双代号网络图基本相同，只需把参数脚码由双代号改为单代号即可。由于单代号网络图中紧后工作的最早开始时间可能不相等，因而在计算自由时差时，需用紧后工作最早开始时间的最小值。

1. 计算最早开始时间和最早完成时间

$$ES_1 = 0 \qquad (2-22)$$

$$EF_i = ES_i + D_i \qquad (2-23)$$

$$ES_j = \max [ES_i + D_i] = \max EF_i \qquad (2-24)$$

2. 计算相邻两项工作之间的时间间隔 $LAG_{i,j}$

相邻两项工作 i 和 j 之间的时间间隔 $LAG_{i,j}$，等于紧后工作 j 的最早开始时间 ES_j 和本工作的最早完成时间 EF_i 之差，即：

$$LAG_{i,j} = ES_j - EF_i \qquad (2-25)$$

3. 计算工作总时差 TF_i

（1）终点节点的总时差 TF_n，如计划工期等于计算工期，其值为零，即：

$$TF_n = 0 \qquad (2-26)$$

（2）其他工作 i 的总时差 TF_i

$$TF_i = \min[TF_j + LAG_{i,j}] \qquad (2-27)$$

4. 计算工作自由时差 FF_i

(1) 工作 i 若无紧后工作,其自由时差 FF_i 等于计划工期 T_P 减该工作的最早完成时间 EF_n,即:

$$FF_n = T_P - EF_n \tag{2-28}$$

(2) 当工作 i 有紧后工作 j 时,自由时差 FF_i 等于本工作与其紧后工作之间时间间隔的最小值,即:

$$FF_i = \min[LAG_{i,j}] \tag{2-29}$$

5. 计算工作的最迟开始时间和最迟完成时间

$$LS_i = ES_i + TF_i \tag{2-30}$$

$$LF_i = EF_i + TF_i \tag{2-31}$$

式中:D_i—— 工作 i 的延续时间;

$\quad ES_i$—— 工作 i 的最早开始时间;

$\quad EF_i$—— 工作 i 的最早完成时间;

$\quad LS_i$—— 工作 i 的最迟开始时间;

$\quad LF_i$—— 工作 i 的最迟完成时间;

$\quad TF_i$—— 工作 i 的总时差;

$\quad FF_i$—— 工作 i 的自由时差;

$\quad T_P$—— 计划工期。

四、单代号搭接网络计划

前面介绍的网络计划,工作之间的逻辑关系是紧前工作全部完成之后本工作才能开始。但是在工程建设实践中,有许多工作的开始并不是以其紧前工作的完成为条件,可进行搭接施工。为了简单、直接地表达工作之间的搭接关系,使网络计划的编制得到简化,便出现了搭接网络计划。

搭接网络计划一般都采用单代号网络图的表示方法,即以节点表示工作,以节点之间的箭线表示工作之间的逻辑顺序和搭接关系。

1. 搭接关系的种类及表达方式

在搭接网络计划中,工作之间的搭接关系是由相邻两项工作之间的不同时距决定的。所谓时距,就是在搭接网络计划中相邻两项工作之间的时间差值,如图 2-31 所示。

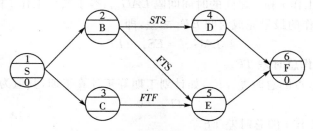

图 2-31　单代号搭接网络图

(1) 结束到开始(FTS)的搭接关系

在修堤坝时,一定要等土堤自然沉降后才能修护坡,筑土堤与修护坡之间的等待时间就是 FTS 时距。从结束到开始的搭接关系及这种搭接关系在网络计划中的表达方式如图 2-32 所示。

图 2-32 FTS 搭接关系及其在网络计划中的表达方式

当 FTS 时距为零时,就说明本工作与其紧后工作之间紧密衔接。当网络计划中所有相邻工作只有 FTS 一种搭接关系且其时距均为零时,整个搭接网络计划就成为前述的单代号网络计划。

(2) 开始到开始(STS)的搭接关系

在道路工程中,当路基铺设工作开始一段时间,为路面浇筑工作创造一定条件之后路面浇筑工作就能开始,路基铺设工作的开始时间与路面浇筑工作的开始时间之间的差值就是 STS 时距。

从开始到开始的搭接关系及这种搭接关系在网络计划中的表达方式如图 2-33 所示。

图 2-33 STS 搭接关系及其在网络计划中的表达方式

(3) 结束到结束(FTF)的搭接关系

道路工程中,如果路基铺设工作的进展速度小于路面浇筑工作的进展速度时,须考虑为路面浇筑工作留有充分的工作面。否则,路面浇筑工作就将因没有工作面而无法进行。路基铺设工作的完成时间与路面浇筑工作的完成时间之间的差值就是 FTF 时距。

从结束到结束的搭接关系及这种搭接关系在网络计划中的表达方式如图 2-34 所示。

图 2-34 FTF 搭接关系及其在网络计划中的表达方式

(4) 开始到结束(STF)的搭接关系

从开始到结束的搭接关系及这种搭接关系在网络计划中的表达方式如图 2-35 所示。

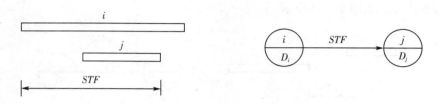

图 2-35 STF 搭接关系及其在网络计划中的表达方式

(5) 混合搭接关系

在搭接网络计划中,除上述 4 种基本搭接关系外,相邻两项工作之间有时还会同时出现两种以上的基本搭接关系,称之为混合搭接关系。

2. 搭接网络计划时间参数的计算

(1) 计算工作的最早开始时间和最早完成时间

单代号搭接网络计划时间参数的计算与前述单代号网络计划和双代号网络计划时间参数的计算原理基本相同。工作最早开始时间和最早完成时间的计算应从网络计划起始节点开始,顺着箭线方向依次进行。

① 由于在单代号搭接网络计划中的起始节点一般都代表虚拟工作,故其最早开始时间和最早完成时间均为零。

凡是与网络计划起始节点相联系的工作,其最早开始时间为零;其最早完成时间应等于其持续时间。

② 其他工作的最早开始时间和最早完成时间:

相邻时距为 FTS 时,

$$ES_j = EF_i + FTS_{i,j} \tag{2-32}$$

$$EF_j = ES_j + D_j \tag{2-33}$$

相邻时距为 STS 时,

$$ES_j = ES_i + STS_{i,j} \tag{2-34}$$

$$EF_j = ES_j + D_j \tag{2-35}$$

相邻时距为 FTF 时,

$$EF_j = EF_i + FTF_{i,j} \tag{2-36}$$

$$ES_j = EF_j - D_j \tag{2-37}$$

相邻时距为 STF 时,

$$EF_j = ES_i + STF_{i,j} \tag{2-38}$$

$$ES_j = EF_j - D_j \tag{2-39}$$

式中:ES_i—— 工作 i 的最早开始时间;

ES_j—— 工作 i 的紧后工作 j 的最早开始时间;

EF_i—— 工作 i 的最早完成时间;

EF_j—— 工作 i 的紧后工作 j 的最早完成时间;

$FTS_{i,j}$—— 工作 i 与工作 j 之间完成到开始的时距;

$STS_{i,j}$——工作 i 与工作 j 之间开始到开始的时距；

$FTF_{i,j}$——工作 i 与工作 j 之间完成到完成的时距；

$STF_{i,j}$——工作 i 与工作 j 之间开始到完成的时距。

注意：

① 当出现最早开始时间为负值时，应将该工作与起点用虚箭线相连，并确定其 STS 为零。

② 当有两种以上时距（有两项或以上紧前工作）限制工作间的逻辑关系时，应分别进行最早时间的计算，取其最大值。

③ 最早完成时间的最大值的工作应与终点节点用虚箭线相连，并确定其 FTF 为零。

④ 由于在搭接网络计划中，终点节点一般都表示虚拟工作（其持续时间为零），故其最早完成时间与最早开始时间相等，且一般为网络计划的计算工期。但是，由于在搭接网络计划中，决定工期的工作不一定是最后进行的工作，因此，在用上述方法完成计算之后，还应检查网络计划中其他工作的最早完成时间是否超过已算出的计算工期。如其他工作的最早完成时间超过已算出的计算工期应由其他工作的最早完成时间决定。同时，应将该工作与虚拟工作（终点节点）用虚箭线相连。

（2）计算相邻两项工作之间的时间间隔

① 搭接关系为结束到开始（FTS）时的时间间隔为：

$$LAG_{i,j} = ES_j - EF_i - FTS_{i,j} \qquad (2-40)$$

② 搭接关系为开始到开始（STS）时的时间间隔为：

$$LAG_{i,j} = ES_j - ES_i - STS_{i,j} \qquad (2-41)$$

③ 搭接关系为结束到结束（FTF）时的时间间隔为：

$$LAG_{i,j} = EF_j - EF_i - FTF_{i,j} \qquad (2-42)$$

④ 搭接关系为开始到结束（STF）时的时间间隔为：

$$LAG_{i,j} = EF_j - ES_i - STF_{i,j} \qquad (2-43)$$

⑤ 搭接关系为混合搭接时，应分别计算时间间隔，然后取其中的最小值。

（3）计算工作的总时差和自由时差

搭接网络计划中工作的总时差和自由时差仍用单代号求总时差和自由时差公式，即：

$$TF_n = T_p - T_c \qquad (2-44)$$

$$TF_i = \min[LAG_{i,j} + TF_j] \qquad (2-45)$$

$$FF_n = T_p - EF_n \qquad (2-46)$$

$$FF_i = \min[LAG_{i,j}] \qquad (2-47)$$

[想一想]

单代号和双代号计算时间参数有什么区别?

(4) 计算工作的最迟完成时间和最迟开始时间

计算工作的最迟完成时间和最迟开始时间仍用单代号求最迟完成时间和最迟开始时间公式,即:

$$LF_i = EF_i + TF_i \qquad (2-48)$$

$$LS_i = ES_i + TF_i \qquad (2-49)$$

(5) 确定关键线路

同单代号网络计划一样,可以利用相邻两项工作之间的时间间隔来判定关键线路。即从搭接网络计划的终点节点开始,逆着箭线方向依次找出相邻两项工作之间时间间隔为零的线路就是关键线路。

【实践训练】

课目一:绘制单代号网络图

(一) 背景资料

已知某工程项目的各工作之间的逻辑关系如表2-8所示。

表2-8　各工作之间的逻辑关系表

工作	A	B	C	D	E	G
紧前工作	—	—	—	B	B	C、D

(二) 问题

试绘制该工程的单代号网络图。

(三) 分析与解答

本案例中 A、B、C 均无紧前工作,故应设虚拟工作S。同时,有多项结束工作 A、E、G,应增设一项设虚拟工作F。

该工程的单代号网络图如图2-36所示。

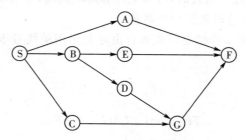

图2-36　该工程的单代号网络图

课目二:计算单代号网络图时间参数并确定其关键线路

(一) 背景资料

已知某工程项目单代号网络计划如图 2-37 所示,计划工期等于计算工期。

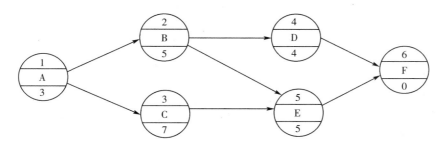

图 2-37　某工程项目单代号网络计划图

(二) 问题

1. 计算单代号网络计划的时间参数;
2. 确定关键线路,并用双箭线标在图上标出。

(三) 分析与解答

[问题 1]

(1) 计算最早开始时间和最早完成时间:网络计划中各项工作的最早开始时间和最早完成时间的计算应从网络计划的起始节点开始,顺着箭线方向依次逐项计算。

$$ES_1 = 0 \qquad EF_1 = ES_1 + D_1 = 0 + 3 = 3$$

$$ES_2 = EF_1 = 3 \qquad EF_2 = ES_2 + D_2 = 3 + 5 = 8$$

$$ES_3 = EF_1 = 3 \qquad EF_3 = ES_3 + D_3 = 3 + 7 = 10$$

$$ES_4 = EF_2 = 8 \qquad EF_4 = ES_4 + D_4 = 8 + 4 = 12$$

$$ES_5 = \max[EF_2, EF_3] = \max[8, 10] = 10$$

$$EF_5 = ES_5 + D_5 = 10 + 5 = 15$$

$$ES_6 = \max[EF_4, EF_5] = \max[12, 15] = 15$$

$$EF_6 = ES_6 + D_6 = 15 + 0 = 15$$

(2) 计算相邻两项工作之间的时间间隔 $LAG_{i,j}$:相邻两项工作 i 和 j 之间的时间间隔等于紧后工作 j 的最早开始时间 ES_j 和本工作的最早完成时间 EF_i 之差。

$$LAG_{1,2} = ES_2 - EF_1 = 3 - 3 = 0$$

$$LAG_{1,3} = ES_3 - EF_1 = 3 - 3 = 0$$

$$LAG_{2,4} = ES_4 - EF_2 = 8 - 8 = 0$$

$$LAG_{2,5} = ES_5 - EF_2 = 10 - 8 = 2$$

$$LAG_{3,5} = ES_5 - EF_3 = 10 - 10 = 0$$

$$LAG_{4,6} = ES_6 - EF_4 = 15 - 12 = 3$$

$$LAG_{5,6} = ES_6 - EF_5 = 15 - 15 = 0$$

（3）计算工作的总时差 TF_i：因计划工期等于计算工期，故终点节点总时差为零，其他工作 i 的总时差 TF_i 应从网络计划的终点节点开始，逆着箭线方向依次逐项计算。

$$TF_6 = 0$$

$$TF_5 = TF_6 + LAG_{5,6} = 0 + 0 = 0$$

$$TF_4 = TF_6 + LAG_{4,6} = 0 + 3 = 3$$

$$TF_3 = TF_5 + LAG_{3,5} = 0 + 0 = 0$$

$$TF_2 = \min[(TF_4 + LAG_{2,4}), (TF_5 + LAG_{2,5})]$$
$$= \min[(3+0), (0+2)] = 2$$

$$TF_1 = \min[(TF_2 + LAG_{1,2}), (TF_3 + LAG_{1,3})]$$
$$= \min[(2+0), (0+0)] = 0$$

（4）计算工作的自由时差 FF_i

$$FF_6 = T_P - EF_6 = 15 - 15 = 0$$

$$FF_5 = LAG_{5,6} = 0$$

$$FF_4 = LAG_{4,6} = 3$$

$$FF_3 = LAG_{3,5} = 0$$

$$FF_2 = \min[LAG_{2,4}, LAG_{2,5}] = \min[0,2] = 0$$

$$FF_1 = \min[LAG_{1,2}, LAG_{1,3}] = \min[0,0] = 0$$

（5）计算工作的最迟开始时间 LS_i 和最迟完成时间 LF_i

$$LS_1 = ES_1 + TF_1 = 0 + 0 = 0 \qquad LF_1 = EF_1 + TF_1 = 3 + 0 = 3$$

$$LS_2 = ES_2 + TF_2 = 3 + 2 = 5 \qquad LF_2 = EF_2 + TF_2 = 8 + 2 = 10$$

$$LS_3 = ES_3 + TF_3 = 3 + 0 = 3 \qquad LF_3 = EF_3 + TF_3 = 10 + 0 = 10$$

$$LS_4 = ES_4 + TF_4 = 8 + 3 = 11 \qquad LF_4 = EF_4 + TF_4 = 12 + 3 = 15$$
$$LS_5 = ES_5 + TF_5 = 10 + 0 = 10 \qquad LF_5 = EF_5 + TF_5 = 15 + 0 = 15$$
$$LS_6 = ES_6 + TF_6 = 15 + 0 = 15 \qquad LF_6 = EF_6 + TF_6 = 15 + 0 = 15$$

将所计算参数标在图上,如图 2-38 所示。

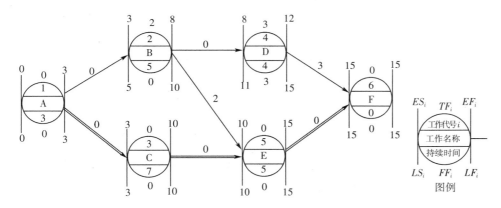

图 2-38 单代号网络图

[问题 2]

所有工作的时间间隔为零的线路为关键线路。即:①—③—⑤—⑥为关键线路,用双箭线标示在图 2-38 中。或用总时差为零(A、C、E)来判断关键线路。

课目三:计算单代号搭接网络图时间参数

(一) 背景资料

已知某工程项目单代号搭接网络计划如图 2-39 所示,节点中下方数字为该工作的持续时间。

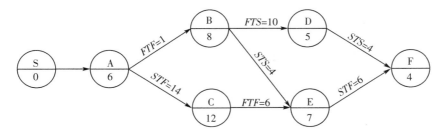

图 2-39 某工程项目单代号搭接网络计划图

(二) 问题

1. 计算单代号搭接网络计划的时间参数;

2. 确定关键线路。

（三）分析与解答

分析：对于这道题，要先根据已知条件，算出各工作的最早开始时间和最早完成时间；第二步计算相邻两项工作之间的时间间隔；第三步利用相邻两项工作之间的时间间隔来判定关键线路。

[问题 1]

（1）计算各工作的最早开始时间和最早完成时间为：

① $ES_A = 0$，$EF_A = 6$

② 根据 $FTF_{A,B} = 1$，由公式（2-36）、（2-37）得：

$$EF_B = EF_A + FTF_{A,B} = 6 + 1 = 7$$

$$ES_B = EF_A - D_A = 7 - 8 = -1$$

工作 B 的最早开始时间出现负值，显然不合理。为此，应将工作 B 与虚拟工作 S（起始节点）相连，重新计算工作 B 的最早开始时间和最早完成时间得：

$$ES_B = 0，EF_B = 8$$

③ 根据 $STF_{A,C} = 14$，由公式（2-38）、（2-39）得：

$$EF_C = ES_A + STF_{A,C} = 14$$

$$ES_C = EF_C - D_C = 14 - 12 = 2$$

④ 根据 $FTS = 10$，由公式（2-32）、（2-33）得：

$$ES_D = EF_B + FTS_{B,D} = 8 + 10 = 18$$

$$EF_D = ES_D + D_D = 18 + 5 = 23$$

⑤ 根据 $FTF_{C,E} = 6$，由公式（2-36）、（2-37）得：

$$EF_E = EF_C + FTF_{C,E} = 14 + 6 = 20$$

$$ES_E = 20 - 7 = 13$$

其次，根据 $STS_{B,E} = 4$，经计算得：

$$ES_E = 4，EF_E = 11$$

所以取大值得：

$$ES_E = 13，EF_E = 20$$

⑥ 根据 $STS_{D,F} = 4$，经计算得：

$$ES_F = 22, EF_F = 26$$

其次，根据 $STF_{E,F} = 6$，经计算得：

$$EF_F = 13 + 6 = 19, ES_F = 19 - 4 = 15$$

所以取大值得

$$ES_F = 22, EF_F = 26$$

工期为 26。

（2）计算相邻两项工作之间的时间间隔

$$LAG_{A,B} = EF_B - EF_A - FTF_{A,B} = 8 - 6 - 1 = 1$$

$$LAG_{B,D} = ES_D - EF_B - FTS_{B,D} = 18 - 8 - 10 = 0$$

$$LAG_{D,F} = ES_F - ES_D - STS_{D,F} = 22 - 18 - 4 = 0$$

$$LAG_{B,E} = ES_E - ES_B - STS_{B,E} = 13 - 0 - 4 = 9$$

$$LAG_{A,C} = EF_C - ES_A - STF_{A,C} = 14 - 0 - 14 = 0$$

$$LAG_{C,E} = EF_E - EF_C - FTF_{C,E} = 20 - 14 - 6 = 0$$

$$LAG_{E,F} = EF_F - ES_E - STF_{E,F} = 26 - 13 - 6 = 7$$

[问题2]

工作 B 的最早开始时间为 0，所以它也是一个起始工作。根据"从搭接网络计划的终点开始，逆着箭线方向依次找出相邻两项工作之间时间间隔为零的线路就是关键线路。"其关键线路为 SBDF，如图 2 - 40 所示。

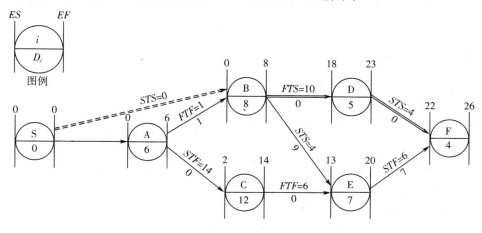

图 2 - 40　单代号搭接网络计划时间参数计算结果

第六节　网络计划的优化

网络计划的优化，是在满足既定约束条件下，按某一目标，通过不断改进网络计划寻求满意方案。网络计划优化包括工期优化、费用优化和资源优化。

一、工期优化

[想一想]
　　网络计划优化与目标有哪些？

（一）概念

所谓工期优化是指网络计划的计算工期不满足要求工期时，通过压缩关键工作的持续时间以满足要求工期的过程，若仍不能满足要求，需调整方案或重新审定要求工期。

（二）优化原理

1. 压缩关键工作，压缩时间应保持其关键工作地位；

2. 选择压缩的关键工作，应为压缩以后，增加的费用少，不影响工程质量，又不造成资源供应紧张和保证安全施工的关键工作；

3. 有多条关键线路时，要同时、同步压缩，否则不能有效地缩短工期。

（三）优化步骤

1. 对初始网络进行计算和判断，确定找出关键线路和计算工期，计算工期 T_c 与要求工期 T_r 比较，当 $T_c > T_r$ 时，应压缩的时间：

$$\Delta T = T_c - T_r \qquad\qquad (2-50)$$

2. 选择压缩的关键工作，压缩到工作最短持续时间；

3. 重新确定关键线路和计算工期，检查关键工作是否超压（失去关键工作的位置），如超压则反弹，并重新确定关键线路和计算工期；

4. 比较 T_{c1} 与 T_r，如 $T_{c1} > T_r$ 则重复 ①②③ 步骤；

5. 如所有关键工作或部分关键工作都已压缩最短持续时间，仍不能满足要求，应对计划的原技术组织方案进行调整，或对工期重新审定。

二、费用优化

费用优化又叫工期成本优化，是寻求最低成本时的最短工期安排，或按要求工期寻求最低成本的计划安排过程。

（一）工程费用与工期的关系

工程成本由直接费和间接费组成。由于直接费随工期缩短而增加，间接费随工期缩短而减少，必定有一个总费用最少的工期。这便是费用优化所寻求的

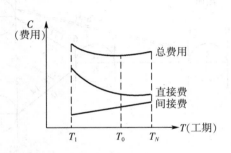

图 2-41　工程费用与工期的关系图

目标。工程费用与工期的关系如图 2-41 所示，当确定一个合理的工期 T_o，就能使总费用达到最小。

（二）费用优化的基本思路

不断地在网络计划中找出直接费用率（或组合直接费用率）最小的关键工作，缩短其持续时间，同时考虑间接费用随工期缩短而减少的数值，最后求得工程总成本最低时的最优工期安排或按要求工期求得最低成本的计划安排。

工作 $i-j$ 的直接费率 a_{i-j}^D 用公式（2-51）计算：

$$a_{i-j}^D = \frac{CC_{i-j} - CN_{i-j}}{DN_{i-j} - DC_{i-j}} \qquad (2-51)$$

式中：DN_{i-j}——工作 $i-j$ 的正常持续时间，即在合理的组织条件下，完成一项工作所需的时间；

DC_{i-j}——工作 $i-j$ 的最短持续时间，即不可能进一步缩短的工作持续时间，又称临界时间；

CN_{i-j}——工作 $i-j$ 的正常持续时间直接费，即按正常持续时间完成一项工作所需的直接费；

CC_{i-j}——工作 $i-j$ 的最短持续时间直接费，即按最短持续时间完成一项工作所需的直接费。

（三）费用优化步骤

1. 算出工程总直接费 $\sum C_{i-j}^D$；
2. 计算各项工作的直接费率 a_{i-j}^D；
3. 按工作的正常持续时间确定计算工期和关键线路；
4. 算出计算工期为 T 的网络计划的总费用：

$$C_t^T = \sum C_{i-j}^D + a^{ID}T \qquad (2-52)$$

式中：a^{ID}——工程间接费率，即缩短或延长工期每一单位时间所需减少或增加的费用。

5. 选择缩短持续时间的对象

当只有一条关键线路时，应找出直接费率最小的一项关键工作，作为缩短持续时间的对象；当有多条关键线路时，应找出组合直接费率最小的一组关键工作，作为缩短持续时间的对象。

当需要缩短关键工作的持续时间时，其缩短值的确定必须符合下列两条原则：① 缩短后工作的持续时间不能小于其最短持续时间；② 缩短持续时间的工作不能变成非关键工作。若被压缩工作变成了非关键工作，则应将其持续时间延长，使之仍为关键工作。

6. 选定的压缩对象（一项关键工作或一组关键工作）压缩

检查被压缩的工作的直接费率或组合直接费率是否等于、小于或大于间接费率；如等于间接费率，则已得到优化方案；如小于间接费率，则需继续按上述方

[想一想]

选择什么工作作为压缩对象？

法进行压缩；如大于间接费率，则在此前一次的小于间接费率的方案即为优化方案。

在压缩过程中，关键工作可以被动地（即未经压缩）变成非关键工作，关键线路也可以因此变成非关键线路。

7. 计算优化后的工程总费用

优化后的总费用＝初始网络计划的总费用－费用变化合计的绝对值。

8. 绘出优化网络计划

在箭线上方注明直接费，箭线下方注明持续时间。

三、资源优化

(一) 概念

资源是指完成一项计划任务所需投入的人力、材料、机械设备和资金等。不可能通过资源优化将完成一项工程任务所需要的资源量减少。资源优化的目的是通过改变工作的开始时间和完成时间，使资源按照时间分布符合优化目标。

(二) 资源优化的前提条件

在优化过程中，除规定可中断的工作外，应保持其连续性；不改变网络计划中各项工作之间的逻辑关系；不改变网络计划中各项工作的持续时间；网络计划中各项工作的资源强度（单位时间所需资源数量）为常数，而且是合理的。

(三) 资源优化的分类

在通常情况下，网络计划的资源优化分为两种，即"资源有限，工期最短"的优化和"工期固定、资源均衡"的优化。前者是通过调整计划安排，在满足资源限制条件下，使工期延长最少，后者是通过调整计划安排，在工期保持不变的条件下，使资源需用量尽可能均衡。

(四)"资源有限，工期最短"的优化步骤

1. 按照各项工作的最早开始时间安排进度计划，并计算网络计划每个时间单位的资源需用量。

2. 从计划开始日期起，逐个检查每个时段（每个时间单位资源需用量相同的时间段）资源需用量 R_t 是否超过所能供应的资源限量 R_a。如果在整个工期范围内每个时段的资源需用量均能满足资源限量的要求，则该网络计划就符合优化要求；如发现 $R_t > R_a$，就停止检查而进行调整。

3. $R_t > R_a$ 处的工作调整方法是将该处的一项工作移在该处的另一项工作之后，以减少该处的资源需用量。如该处有两项工作 α, β，则有 α 移 β 后和 β 移 α 后两个调整方案。

计算调整后的工期增量。调整后的工期增量等于前面工作的最早完成时间减移在后面工作的最早开始时间再减移在后面的工作的总时差。

如 β 移 α 后，则其工期增量 $\Delta T_{\alpha, \beta}$ 为：

$$\Delta T_{\alpha, \beta} = EF_\alpha - ES_\beta - TF_\beta \tag{2-53}$$

式中:EF_α—— 工作 α 的最早完成时间；

ES_β—— 工作 β 的最早开始时间；

TF_β—— 工作 β 的工作的总时差。

这样,在有资源冲突的时段中,对平行作业的工作进行两两排序,即可得出若干个 $\Delta T_{\alpha,\beta}$,选择其中最小的 $\Delta T_{\alpha,\beta}$,将相应的工作 β 安排在工作 α 之后进行,既可降低该时段的资源需用量,又能使网络计划的工期延长最短。

4. 对调整后的网络计划安排,重新计算每个时间单位的资源需用量。

5. 重复以上步骤,直至出现优化方案为止。

(五)"工期固定,资源均衡"的优化

安排建设工程进度计划时,需要使资源需用量尽可能地均衡,使整个工程每单位时间的资源需用量不出现过多的高峰和低谷,这样不仅有利于工程建设的组织与管理,而且可以降低工程费用。

1. 衡量资源均衡的三种指标

(1) 不均衡系数(K)

$$K = \frac{R_{\max}}{R_m} \tag{2-54}$$

式中:$R_{\max}$—— 最大的资源需用量;

R_m—— 资源需用量的平均值,计算式为

$$R_m = \frac{1}{T}(R_1 + R_2 + \cdots + R_t) = \frac{1}{T}\sum_{t=1}^{T} R_t \tag{2-55}$$

不均衡系数 K 愈接近于 1,资源需用量均衡性愈好。

(2) 极差值(ΔR)

$$\Delta R = \max\left[\,|\,R_t - R_m\,|\,\right] \tag{2-56}$$

资源需用量极差值愈小,资源需用量均衡性愈好。

(3) 均方差值(σ^2)

$$\sigma^2 = \frac{1}{T}\sum_{T=1}^{T}(R_t - R_m)^2 \tag{2-57}$$

将上式展开,由于工期 T 和资源需用量的平均值 R_m 均为常数,得均方差另一表达式:

$$\sigma^2 = \frac{1}{T}\sum_{T=1}^{T} R_t^2 - R_m^2 \tag{2-58}$$

均方差愈小,资源需用量均衡性愈好。

2. 方差值最小的优化方法

利用非关键工作的自由时差,逐日调整非关键工作的开始时间,使调整后计划的资源需要量动态曲线能削峰填谷,达到降低方差的目的。

设有 $i-j$ 工作,从 m 天开始,第 n 天结束,日资源量需要量为 $r_{i,j}$。将 $i-j$ 工作向右移动一天,则该计划第 m 天的资源需要量 R_m 将减少 $r_{i,j}$,第 $(n+1)$ 天的资

源需要量 R_{n+1} 将增加 $r_{i,j}$。若第 $(n+1)$ 天新的资源量值小于第 m 天的调整前的资源量值 R_m,则调整有效。即要求

$$R_{n+1} + r_{i,j} \leqslant R_m \qquad (2-58)$$

3. 方差值最小的优化步骤

(1)按照各项工作的最早开始时间安排进度计划,确定计划的关键线路、非关键工作的总时差和自由时差。

[想一想]

网络计划三种优化的原理。

(2)确保工期固定、关键线路不作变动,对非关键工作由终点节点开始,按工作完成节点编号值从大到小的顺序依次进行调整。每次调整1天,判断其右移的有效性,直至不能右移为止。若右移1天,不能满足式(2-58)时,可在自由时差范围内,一次向右移动2天或3天,直至自由时差用完为止。当某一节点同时作为多项工作的完成节点时,应先调整开始时间较迟的工作。

(3)所有非关键工作都作了调整后,在新的网络计划中,再按上述步骤,进行第二次调整,以使方差进一步减小,直至所有工作不能再移动为止。

当所有工作均按上述顺序自右向左调整了一次之后,为使资源需用量更加均衡,再按上述顺序自右向左进行多次调整,直至所有工作既不能右移也不能左移为止。

【实践训练】

课目一:网络计划进行工期优化

(一)背景资料

已知某工程项目分部工程的网络计划如图 2-42 所示,箭杆下方括号外为正常持续时间,括号内为最短持续时间,箭线上方括号内的数字为优选系数。优选系数最小的工作应优先选择压缩。假定要求工期为 15 天。

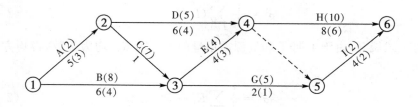

图 2-42　某分部工程的初始网络计划

(二)问题

试对该分部工程的网络计划进行工期优化。

(三)分析与解答

1. 确定出关键线路及计算工期,如图 2-43 所示。

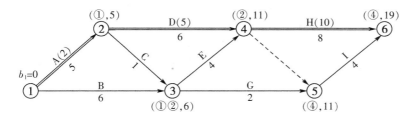

图 2-43　初始网络计划的关键线路

2. 应缩短时间为:

$$\Delta T = t_c - t_r = 19 - 15 = 4 \text{ 天}$$

3. 压缩关键线路上关键工作持续时间

第一次压缩:关键线路 ADH 上 A 优选系数最小,先将 A 压缩至最短持续时间 3 天,计算网络图,找出关键线路为 BEH(如图 2-44(a)),故关键工作 A 超压。反弹 A 的持续时间至 4 天,使之仍为关键工作(如图 2-44(b)),关键线路为 ADH 和 BEH。

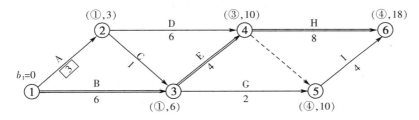

图 2-44(a)　工作 A 压缩至最短时的关键线路

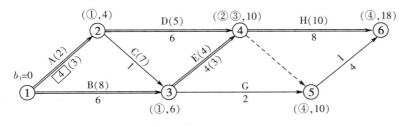

图 2-44(b)　第一次压缩后的网络计划

第二次压缩:因仍还需要压缩 3 天,有以下五个压缩方案:① 同时压缩工作 A 和 B,组合优选系数为 2+8=10;② 同时压缩工作 A 和 E,组合优选系数为 2+4=6;③ 同时压缩工作 B 和 D,组合优选系数为 8+5=13;④ 同时压缩工作 D 和 E,组合优选系数为 5+4=9;⑤ 压缩工作 H,优选系数为 10。由于压缩工作 A 和 E,组合优选系数最小,故应选择压缩工作 A 和 E。将这两项工作的持续时间各压缩 1 天,再用标号法计算工期和确定关键线路。

由于工作 A 和 E 持续时间已达最短，不能再压缩，它们的优选系数变为无穷大。第二次压缩后的网络计划如图 2-45 所示。

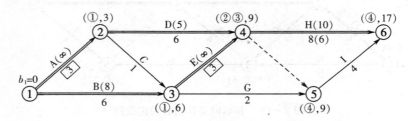

图 2-45　第二次压缩后的网络计划

第三次压缩：因仍还需要压缩 2 天，由于工作 A 和 E 已不能再压缩，有两个压缩方案：① 同时压缩工作 B 和 D，组合优选系数为 8+5=13；② 压缩工作 H，优选系数为 10。由于压缩工作 H 优选系数最小，故应选择压缩工作 H。将此工作的持续时间压缩 2 天，再用标号法计算工期和确定关键线路。此时计算工期已等于要求工期。工期优化后的网络计划如图 2-46 所示。

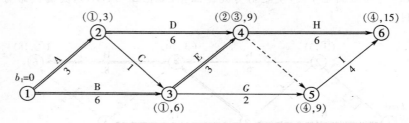

图 2-46　第三次压缩后的网络计划

课目二：网络计划进行费用优化

(一) 背景资料

已知某工程网络计划如图 2-47 所示，图中箭线下方为正常持续时间和括号内的最短持续时间，箭线上方为正常直接费（千元）和括号内的最短时间直接费（千元），间接费率为 0.8 千元／天。

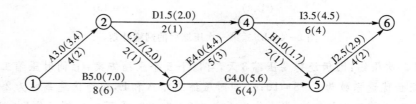

图 2-47　某工程初始网络计划

(二) 问题

试对该工程的网络计划进行费用优化。

（三）分析与解答

1. 算出工程总直接费：

$$\sum C_{i-j}^{D} = 3.0 + 5.0 + 1.5 + 1.7 + 4.0 + 4.0 + 1.0 + 3.5 + 2.5 = 26.2 (千元)$$

2. 算出各项工作的直接费率（单位千元／天）：

$$\alpha_{1-2}^{D} = \frac{CC_{1-2} - CN_{1-2}}{DN_{1-2} - DC_{1-2}} = \frac{3.4 - 3.0}{4 - 2} = 0.2$$

$$\alpha_{1-3}^{D} = \frac{7.0 - 5.0}{8 - 6} = 1.0$$

同理得 $\alpha_{2-3}^{D} = 0.3$； $\alpha_{2-4}^{D} = 0.5$； $\alpha_{3-4}^{D} = 0.2$； $\alpha_{3-5}^{D} = 0.8$；

$\alpha_{4-5}^{D} = 0.7$； $\alpha_{4-6}^{D} = 0.5$； $\alpha_{5-6}^{D} = 0.2$。

3. 用标号法找出网络计划中的关键线路并求出计算工期。如图 2-48 所示，关键线路有两条关键线路 BEI 和 BEHJ，计算工期为 19 天。图中箭线上方括号内为直接费率。

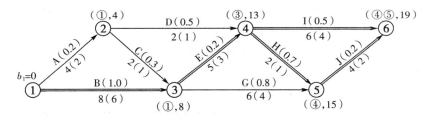

图 2-48   初始网络计划的关键线路

4. 算出工程总费用：

$C_{19}^{T} = 26.2 + 0.8 \times 19 = 26.2 + 15.2 = 41.4 (千元)$

5. 进行压缩：

进行第一次压缩：两条关键线路 BEI 和 BEHJ 上，直接费率最低的关键工作为 E，其直接费率为 0.2 千元／天（以下简写为 0.2），小于间接费率 0.8，故需将其压缩。现将 E 压至 4（若压至最短持续时间 3，E 被压缩成了非关键工作），BEHJ 和 BEI 仍为关键线路。第一次压缩后的网络计划如图 2-49 所示。

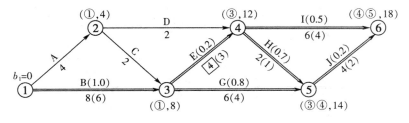

图 2-49   第一次压缩后的网络计划

进行第二次压缩:有三条关键线路:BEI、BEHJ、BGJ。共有 5 个压缩方案:(1)压 B,直接费率为 1.0;② 压 E、G,组合直接费率为 0.2+0.8＝1.0;③ 压缩 E、J,组合直接费率为 0.2+0.2＝0.4;④ 压缩 I、J,组合直接费率为 0.5+0.2＝0.7;⑤ 压缩 I、H、G,组合直接费率缩为 0.5+0.7+0.8＝2.0。决定采用诸方案中组合直接费率最小的第 3 方案,即压缩 E、J,组合直接费率为 0.4,小于间接费率 0.8。

由于 E 只能压缩 1 天,J 随之只可压缩 1 天。压缩后,用标号法找出关键线路,此时只有两条关键线路:BEI、BGJ。H 未经压缩而被动地变成了非关键工作。第二次压缩后的网络计划如图 2-50 所示。

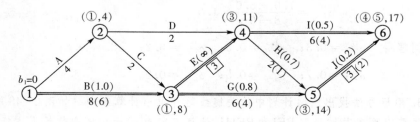

图 2-50　第二次压缩后的网络计划

进行第三次压缩:由于 E 压缩至最短持续时间,分析知可压缩 I、J,组合直接费率为 0.5+0.2＝0.7,小于间接费率 0.8。

由于 J 只能压缩 1 天,I 随之只可压缩 1 天。压缩后关键线路用标号法判断未变化。如图 2-51 所示。

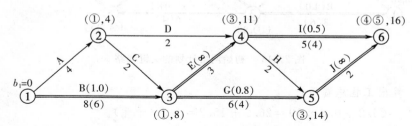

图 2-51　第三次压缩后的网络计划

进行第四次压缩:因 E、J 不能再缩短,故只能选用压 B。由于 B 的直接费率 1.0 大于间接费率 0.8,故已出现优化点。优化网络计划即为第三次压缩后的网络计划,如图 2-52 所示。

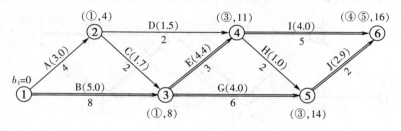

图 2-52　费用优化后的网络计划

6. 计算优化后的总费用。

图中被压缩工作被压缩后的直接费确定如下：① 工作 E 已压至最短持续时间，直接费为 4.4 千元；② 工作 I 压缩 1 天，直接费为：$3.5+0.5\times1=4.0$（千元）；③ 工作 J 已压至最短持续时间，直接费为 2.9 千元。

优化后的总费用为：

$$C_{16}^{T}=\sum C_{i-j}^{D}+\alpha^{ID}t$$

$$=(3.0+5.0+1.7+1.5+4.4+4.0+1.0+4.0+2.9)+0.8\times16$$

$$=27.5+12.8=40.3（千元）$$

课目三：网络计划进行"资源有限，工期最短"优化

（一）背景资料

已知某工程网络计划如图 2-53 所示。图中箭线上方为资源强度，箭线下方为持续时间，资源限量 $R_a=12$。

（二）问题

试对该工程的网络计划进行"资源有限，工期最短"的优化。

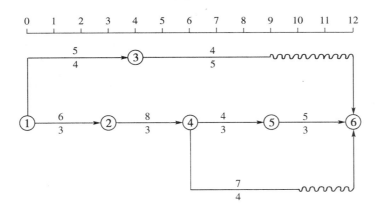

图 2-53　某工程初始网络计划

（三）分析与解答

1. 计算资源需用量，如图 2-54 所示。至第 4 天，$R_4=13>R_a=12$，故需进行调整。

2. 第一次调整：

[方案一]　①—③ 移 ②—④ 后：$EF_{2-4}=6$；$ES_{1-3}=0$；$TF_{1-3}=3$，由式（2-53）得：

$$\Delta T_{2-4,1-3}=6-0-3=3；$$

[方案二] ②—④ 移 ①—③ 后：$EF_{1-3}=4$；$ES_{2-4}=3$，$TF_{2-4}=0$，由式(2-53)得：

$$\Delta T_{1-3,2-4}=4-3-0=1。$$

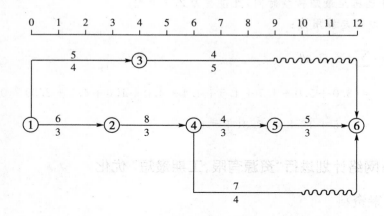

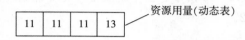

图 2-54　初始网络计划资源需用量

选择工期增量较小的第二方案，绘出调整后的网络计划，如图 2-55 所示。

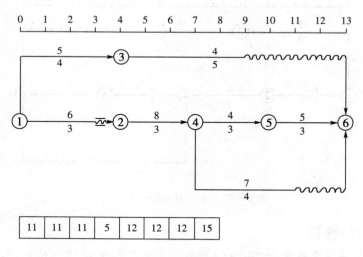

图 2-55　第一次调整后的网络计划

3. 再次计算资源需用量至第 8 天：$R_8=15>R_a=12$，故需进行第二次调整。

4. 第二次调整：被考虑调整的工作有 ③—⑥、④—⑤、④—⑥ 三项，现列出表 2-9，进行选择方案调整。

5. 决定选择工期增量最少的方案 2，绘出第二次调整的网络计划，如图 2-56 所示。从图中看出，自始至终皆是 $R_t \leqslant R_a$，故该方案为优选方案。

表 2 - 9 第二次调整计算表

方案编号	前面工作 α②	后面工作 β③	EF_α ④	ES_β ⑤	TF_β ⑥	$\Delta T_{\alpha,\beta}$ ⑦ = ④ - ⑤ - ⑥	T ⑧
1	③ - ⑥	④ - ⑤	9	7	0	2	15
2	③ - ⑥	④ - ⑥	9	7	2	0	13
3	④ - ⑤	③ - ⑥	10	4	4	2	15
4	④ - ⑤	④ - ⑥	10	7	2	1	14
5	④ - ⑥	③ - ⑥	11	4	4	3	16
6	④ - ⑥	④ - ⑤	11	7	0	4	17

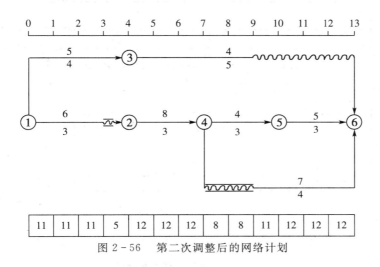

图 2 - 56 第二次调整后的网络计划

课目四:网络计划进行"工期固定,资源均衡"优化

(一) 背景资料

已知某工程网络计划如图 2-57 所示。图箭线上方为每日资源需要量,箭线下方为持续时间。

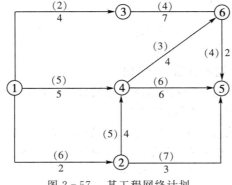

图 2 - 57 某工程网络计划

(二)问题

试对该工程的网络计划进行"工期固定,资源均衡"的优化。

(三)分析与解答

1. 绘制初始网络计划时标图

如图 2-58 所示。计算每日资源需要量,确定计划的关键线路、非关键工作的总时差和自由时差。

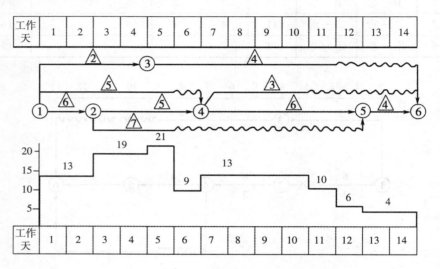

图 2-58 初始网络计划时标图

对照网络计划时标图,可算出每日资源需要量。见表 2-10 所示。

表 2-10 每日资源需要量表

1	2	3	4	5	6	7	8	9	10	11	12	13	14
13	13	19	19	21	9	13	13	13	13	10	6	4	4

不均衡系数 K 为

$$K = \frac{R_{max}}{R_m} = \frac{R_5}{R_m}$$

$$= \frac{21}{\dfrac{13 \times 2 + 19 \times 2 + 21 + 9 + 13 \times 4 + 10 + 6 + 4 \times 2}{14}} \approx 1.7$$

2. 对初始网络计划进行第一次调整

(1)逆箭线调整以⑥节点为结束节点的④→⑥工作和③→⑥工作,由于④→⑥工作开始较晚,先调整此工作。

将④→⑥工作向右移动1天,则 $R_{11}=13$,原第7天资源量为13,故可移动1天;将④→⑥工作再向右移动1天,则 $R_{12}=6+3=9<R_8=13$,故可可移1天;同理④→⑥工作再向右移动2天,故④→⑥工作可持续向右移动4天,④→⑥工作调整后的时标图如图 2-59 所示。

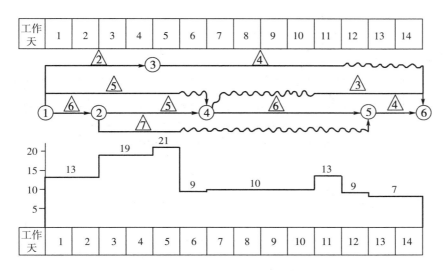

图 2-59　工作 ④ → ⑥ 调整后的网络计划

(2) 调整 ③ → ⑥ 工作

　　将 ③ → ⑥ 工作向右移动 1 天,则 $R_{12}=9+4=13 < R_5=21$,可移动 1 天;将 ③ → ⑥ 工作再向右移动 1 天,则 $R_{13}=7+4=11 > R_6=9$,右移无效;将 ③ → ⑥ 工作再向右移动 1 天,则 $R_{14}=7+4=11 > R_7=10$,右移无效。故 ③ → ⑥ 工作可持续向右移动 1 天,③ → ⑥ 工作调整后的时标图如图 2-60 所示。

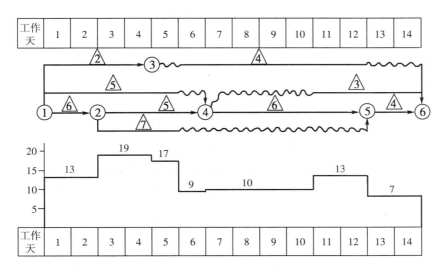

图 2-60　工作 ③ → ⑥ 调整后的网络计划

(3) 调整以 ⑤ 节点为结束节点的工作

　　将 ② → ⑤ 工作向右移动 1 天,则 $R_6=9+7=16 < R_3=19$,可移动 1 天;将 ② → ⑤ 工作再向右移动 1 天,则 $R_7=10+7=17 < R_4=19$,可移动 1 天;同理考察得 ② → ⑤ 工作可持续向右移动 3 天,② → ⑤ 工作调整后的时标图如图 2-61 所

示。移后资源需用量变化情况如图 2-61 所示。

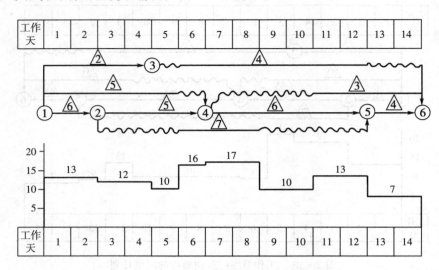

图 2-61　工作 ②→⑤ 调整后的网络计划

(4) 调整以 ④ 节点为结束节点的工作

将 ①→④ 工作向右移动 1 天，则 $R_6 = 16 + 5 = 21 > R_1 = 13$，右移无效。

3. 进行第二次调整

(1) 再对以 ⑥ 节点为结束节点的工作进行调整

调整 ③→⑥ 工作，将 ③→⑥ 工作向右移动 1 天，则 $R_{13} = 7 + 4 = 11 < R_6 = 16$，可移动 1 天；将 ③→⑥ 工作再向右移动 1 天，则 $R_{14} = 7 + 4 = 11 < R_7 = 17$，可移动 1 天；故 ③→⑥ 工作可持续向右移动 2 天，③→⑥ 工作调整后的时标图如图 2-62 所示。

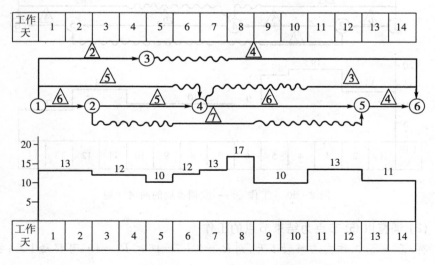

图 2-62　工作 ③→⑥ 调整后的网络计划

（2）再调整以 ⑤ 节点为结束节点的工作

将 ② → ⑤ 工作向右移动 1 天，则 $R_9 = 10 + 7 = 17 > R_6 = 12$，右移无效；经考察，在保证 ② → ⑤ 工作连续作业的条件下，② → ⑤ 工作不能移动。同样，其他工作也不能移动，则图 2-62 所示网络图为资源优化后的网络计划。

优化后的网络计划，其资源不均衡系数 K 降低为

$$K = \cfrac{17}{\cfrac{13 \times 2 + 12 \times 2 + 10 + 12 + 13 + 17 + 10 \times 2 + 13 \times 2 + 11 \times 2}{14}} = 1.4$$

本章思考与实训

1. 横道图与网络图的优缺点。

2. 单代号网络图与双代号网络图有什么区别？

3. 组成双代号网络图的三要素是什么？各要素的特征有哪些？

4. 什么是工艺关系？什么是组织关系？

5. 什么是总时差？什么是自由时差？

6. 什么是关键线路？确定关键线路的方法有哪些？

7. 双代号时标网络计划的特点有哪些？

8. 什么是单代号搭接网络计划？都有哪些搭接关系？

9. 网络计划的优化有哪些？

10. 试写出工期优化的步骤。

11. 工期优化和费用优化的区别是什么？

【内容要点】

1. 工程进度计划在施工阶段的分类及主要内容；
2. 施工总进度计划的编制；
3. 单位工程施工进度计划的编制；
4. 工程进度计划提交的内容和审批程序。

【知识链接】

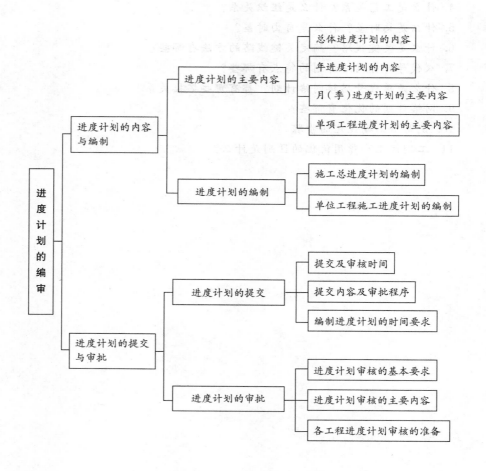

第一节　进度计划的内容与编制

一、进度计划的主要内容

工程项目的进度计划是对工程实施过程进行监理的前提,没有进度计划,也就谈不上对工程项目的进度进行监理。因此,在工程开始施工之前,承包人应向监理工程师提供一份科学、合理的工程项目进度计划。工程进度计划的作用,对于监理工程师来说,其意义超出了对进度计划进行控制的需要。例如,监理工程师需要根据进度计划来确定监理工作实施方案和施工要求;督促承包人做好具体工程开工之前的准备工作;根据进度计划安排施工平面布置图以满足现场的要求;监理工程师还需要依据工程进度计划,在项目的施工过程中协调人力、物力、监督实际进度,评价由于各种管理失误,恶劣气候或由于业主的主观因素等变化而对工程进度的影响。

根据项目实施的不同阶段,承包商分别编制总体进度计划和年、月进度计划;对于起控制作用的重点工程项目应单独编制单位工程或单项工程进度计划。

(一)总体进度计划的内容

工程项目的施工总进度计划是用来指导工程全局的,它是工程从开工一直到竣工为止,各个主要环节的总的进度安排,起着控制构成工程总体的各个单位工程或各个施工阶段工期的作用。

1.工程项目的总工期,即合同工期;

2.完成各单位工程及各施工阶段所需要的工期、最早开始和最迟结束的时间;

3.各单位工程及各施工阶段需要完成的工程量及工程用款计划;

4.各单位工程及各施工阶段所需要配备的人力和设备数量;

5.各单位或分部工程的施工方案和施工方法(即施工组织设计)等;

6.施工组织机构设置及质量保证体系,包括人员配备、实验室等。

[想一想]
编制进度计划有什么作用? 工期与进度有什么区别?

(二)年进度计划的内容

对于一个建设工程项目来说,仅有工程项目的总进度计划对于工程的进度控制是不够的,尤其是当工程项目比较大时,还需要编制年度进度计划。年度进度计划要受工程总进度计划的控制。

1.本年计划完成的单位工程及施工阶段的工程项目内容、工程数量及投资指标;

2.施工队伍和主要施工设备的转移顺序;

3.不同季节及气温条件下各项工程的时间安排;

4.在总体进度计划下对各单项工程进行局部调整或修改的详细说明等。

在年度计划的安排过程中应重点突出组织顺序上的联系,如大型机械的转移顺序、主要施工队伍的转移顺序等。首先安排重点、大型、复杂、周期长、占劳动力和施工机械多的工程,优先安排主要工种或经常处于短线状态的工种的施工任务,并使其连续作业。

(三)月(季)度计划的内容

月(季)进度计划受年度进度计划的控制。月(季)进度计划是年度进度计划实现的保证,而年度进度计划的实现,又保证了总进度计划的实现。

1. 本月(季)计划完成的分项工程内容及顺序安排;
2. 完成本月(季)及各分项工程的工程数量及资料;
3. 在年度计划下对各单位工程或分项工程进行局部调整或修改的详细说明等;
4. 对关键单位工程或分项工程、监理工程师认为有必要时,应制定旬计划。

(四)单项工程进度计划的内容

单项工程进度计划,是指一个工程项目中具体某一项工程,如某一桥梁工程、隧道工程或立交工程的进度计划。由于某些重点的单项工程的施工工期常常关系到整个工程项目施工总工期的长短,因此在施工进度计划的编制过程中将单独编制重点单项工程进度计划。单项工程进度计划必须服从工程的总进度计划,并且与其他单项工程按照一定的组织关系统一起来,否则,即使其他各项工程的计划都得以实现,只要有一个单项工程没有按计划完成,则整个工程项目仍不能完成,也就是说没有达到项目的总目标。

1. 本单项工程的具体施工方案和施工方法;
2. 本单项工程的总体进度计划及各道工序的控制日期;
3. 本单项工程的工程用款计划;
4. 本单项工程的施工准备及结束清场的时间安排;
5. 对总体进度计划及其他相关工程的控制、依赖关系和说明等。

二、进度计划的编制

施工总进度计划是施工现场各项施工活动在时间和空间上的体现。编制施工总进度计划是根据施工部署中的施工方案和工程项目开展的程序,对整个工地的所有工程项目做出时间和空间上的安排。其作用在于确定各个建筑物及其主要工种、工程、准备工作和全工地性工程的施工期限及开、竣工的日期,从而确定建筑施工现场劳动力、材料、成品、半成品、施工机械的需要数量和调配情况,以及现场临时设施的数量、水电供应数量和能源、交通的需要数量等。因此,正确地编制施工总进度计划是保证各项目以及整个建设工程按期交付使用,充分发挥投资效益,降低建筑工程成本的重要条件。

编制施工总进度计划的基本要求是:保证拟建工程在规定的期限内完成,采用合理的施工方法保证施工的连续性和均衡性,发挥投资效益,节约施工费用。

根据施工部署中拟建工程分期分批投产的顺序,将每个系统的各项工程分

[做一做]

请列表比较各进度计划之间的差异点。

别找出,在控制的期限内进行各项工程的具体安排。如建设项目的规模不大,各系统工程项目不多时,也可不按分期分批投产顺序安排,而直接安排总进度计划。

(一)施工总进度计划的编制

施工总进度计划一般是建设工程项目的施工进度计划。它是用来确定建设工程项目中所包含的各单位工程的施工顺序、施工时间及相互衔接关系的计划。编制施工总进度计划的依据有:施工总方案、资源供应条件、各类定额资料、合同文件、工程项目建设总进度计划、工程动用时间目标、建设地区自然条件及有关技术经济资料等。

施工总进度计划的编制步骤和方法如下:

1. 收集编制依据

(1)初步设计、扩大初步设计等工程技术资料。

(2)项目总进度计划或施工合同文件(总承包单位编制施工总进度计划时以此为依据),以确定工程施工的开工、竣工日期。

(3)有关定额和指标,如概算指标、扩大结构定额、万元指标或类似建筑所需消耗的劳动力材料和工期指标。

(4)施工中可能配备的人力、机具设备,以及施工准备工作中所取得的有关建设地点的自然条件和技术经济等资料,如有关气象、地质、水文、资源供应以及运输能力等。

施工总进度计划还应根据工艺关系、组织关系、搭接关系、起止关系、劳动计划、材料计划、机械计划以及其他保证性计划等因素综合确定。因此,在编制施工进度计划时,首先要收集和整理有关拟建工程项目施工进度计划编制的依据。

2. 施工进度控制目标

施工进度控制目标是编制施工进度计划的重要依据,也是施工进度计划顺利执行的前提。只有确定出科学合理的进度控制目标,提高施工进度计划的预见性和主动性,才能有效地控制施工进度。

3. 计算工程量

根据批准的工程项目一览表,按单位工程分别计算其主要实物工程量,不仅是为了编制施工总进度计划,而且还为了编制施工方案和选择施工、运输机械,初步规划主要施工过程的流水施工,以及计算人工、施工机械及建筑材料的需要量。因此,工程量只需粗略地计算即可。

工程量的计算可按初步设计(或扩大初步设计)图纸和有关额定手册或资料进行。常用的定额、资料有:

(1)每万元、每10万元投资工程量、劳动量及材料消耗扩大指标。

(2)概算指标和扩大结构定额。

(3)已建成的类似建筑物、构筑物的资料。

对于建设工程量来说,计算出的工程量应填入工程量汇总表,见表3-1。

[想一想]
收集编制依据包括哪些工程技术资料?

[问一问]
工程量如何影响进度?

表 3-1　工程量汇总表

序号	工程量名称	单位	合计	生产车间			仓库运输			管网				生活福利		大型临设		备注
				××车间	……	……	仓库	铁路	公路	供电	供水	排水	供热	宿舍	文化福利	生产	生活	

4. 确定各单位工程的施工期限

各单位工程的施工期限应根据合同工期确定,同时要考虑建筑类型、结构特征、施工方法、施工管理水平、施工机械化程度以及施工现场条件等因素。如果在编制施工总进度计划时没有合同工期,应保证计划工期不超过工期定额。

各单位工程的施工期限主要是由施工项目持续时间决定的。施工项目是包括一定内容的施工过程,是进度计划的基本组成单元。施工项目的持续时间应按正常情况确定,它的费用一般也是最低的,等编制出初始计划并经过计算后,再结合实际情况做必要的调整,这是避免因盲目抢工而造成浪费的有效办法。按实际施工条件来估算施工过程的持续时间是较为简便的方法,实际工作中也多采用这种方法。具体计算方法由经验估算法和定额计算法两种。

5. 确定各单位工程的开、竣工时间和相互搭接关系

在确定各单位工程的开、竣工时间和相互搭接关系时,应考虑以下几个方面:

(1)同一时期开工的项目不宜过多,以免造成人力、物力过于分散。

(2)在组织施工时,应尽量做到均衡施工。不仅在时间的安排上,而且在劳动力、施工机械和主要材料的供应上,应在整个工期内达到均衡。

(3)能够供工程施工使用的永久性工程,可尽量安排提前开工,这样可以节省临时工程费用。

(4)急需和关键的工程以及某些技术复杂、施工周期较长、施工难度较大的工程,应安排提前施工。

(5)施工顺序必须与主要生产系统投入生产的先后顺序一致。另外,对于配套工程的施工期限和开工时间也要安排好,保证建成的工程能迅速投入生产或交付使用。

[想一想]
竣工时间推迟的原因有哪些?

(6)要考虑建设地区气候条件对施工的影响,施工季节不应导致工期延误或影响工程质量。

(7)安排一部分附属工程或零星项目作为后备项目,用来调节主要项目的施工进度。

(8)要使主要工种和主要施工机械能连续施工。

6. 编制初步施工总进度计划

施工总进度计划应安排全工地性的流水作业。全工地性的流水作业安排应以工程量大、工期长的单位工程为主导，组织若干条流水线，并以此带动其他工程。

施工总进度计划即可以用横道图表示，也可以用网络图表示，如果用横道图表示，则常用的格式见表 3-2。由于采用网络计划技术控制工程进度更加有效，所以人们更多地开始采用网络图来表示施工总进度计划。特别是电子计算机的广泛应用，为网络计划技术的推广和普及创造了更加有利的条件。

表 3-2　施工总进度计划表

序号	单位工程名称	建筑面积 (m^2)	结构类型	工程造价 (万)	施工时间 (月)	施工进度计划											
						第一年				第二年				第三年			
						一	二	三	四	一	二	三	四	一	二	三	四

7. 编制正式施工总进度计划

初步施工总进度计划编制完成后，还要对其进行检查。主要检查各单项工程（或分部分项工程）的施工时间和施工顺序安排是否合理；总工期是否符合合同要求；资源是否均衡并分析资源供应是否得以保证；施工机械是否被充分利用等。经过检查，要对不符合要求的部分进行调整。通常的做法是改变某些工程的起止时间或调整主导工程的工期。如果是网络计划，则可以分别进行工期优化、费用优化和资源优化。如果必要，还可以改变施工方法和施工组织。

［做一做］

试总结一下编制施工总进度计划的步骤。

当初步施工总进度计划经过调整符合要求后，即可编制正式的施工总进度计划。施工总进度计划要与施工部署、施工方案、主导工程施工方案等互相联系、协调统一，不能冲突。在施工过程中，会因各种资源的供应及自然条件等因素的影响而打乱原计划，因此，计划的平衡是相对的。在计划实施过程中，应随时根据施工动态，对计划进行检查和调整，使施工进度计划更趋于合理。

正式的施工总进度计划确定后，应以此为依据编制劳动力、物资、大型施工机械等资源的需用量计划，以便组织供应，保证施工总进度的实现。

(二)单位工程施工进度计划的编制

单位工程是指具有独立设计，可以独立组织施工，但建成后不能独立发挥效益的工程。建筑群体或工业交通、公共设施建设项目或其单项工程中的每一单位工程、改扩建项目的独立单位工程，在开工前都必须编制详细的单位工程施工进度计划，作为落实施工总进度计划和具体指导工程施工的计划文件。

单位工程施工进度计划是在已经确定的施工方案的基础上，根据规定的工期和各种资源供应条件,按照组织施工的原则,对单位工程中的各分部分项工程的施工顺序、施工起止时间和搭接关系进行合理规划,并用图表表示的一种计划安排。

1. 单位工程施工进度计划的作用

单位工程施工进度计划对整个施工活动做全面的统筹安排,其主要作用表现在:

(1)控制单位工程的施工进度,保证在规定时间内完成施工任务,并保证工程质量。

(2)确定各施工过程的施工顺序,施工持续时间及相互搭接、配合关系。

(3)为编制季度、月度施工作业计划提供依据。

(4)为确定劳动力和资源需用量计划及编制施工准备计划提供依据。

(5)指导施工现场的施工安排。

2. 单位工程施工进度计划的分类

根据施工项目划分的粗细程度不同,一般将单位工程施工进度计划分为指导性计划和控制性计划两类。

(1)指导性进度计划

指导性进度计划是按照分项工程或施工过程来划分施工项目的,其主要作用是确定各施工过程的施工顺序、施工持续时间及相互搭接、配合关系。适用于施工任务具体而明确、施工条件基本落实、各项资源供应正常、施工工期不太长的工程。

(2)控制性进度计划

控制性进度计划是按照分部工程来划分施工项目的,其主要作用是控制各分部工程的施工顺序、施工持续时间及相互搭接、配合关系。适用于工程结构较复杂、规模较大、工期较长而需跨年度施工的工程,也适用于工程规模不大或结构不复杂,但资源不落实的情况或因其他方面等可能变化的情况。

编制控制性施工进度计划的单位工程,在各分部工程的施工条件基本落实后,施工前仍需编制指导性施工进度计划,以指导施工。

3. 单位工程施工进度计划的编制依据

单位工程的施工进度计划宜依据下列资料编制:

(1)经过审批的建筑总平面图及单位工程全套施工图以及地质、地形图、工艺设计图、设备及其基础图、采用的标准图等图纸及技术资料。

(2)施工组织总设计对本单位工程的有关规定。

(3)施工工期要求及开、竣工日期。

(4)施工条件,劳动力、材料、构件及机械的供应条件,分包单位的情况等。

(5)确定的主要分部分项工程的施工方案,包括施工顺序、施工段划分、施工起点流向、施工方法、质量及安全措施等。

(6)劳动定额及机械台班定额。

(7)其他有关要求和资料,如工程合同。

[想一想]
　单位工程施工进度计划与总工程施工进度计划编制依据有何区别和相互联系?

4. 单位工程施工进度计划内容

单位工程施工进度计划的内容包括：

(1)编制说明

主要是对单位工程施工进度计划的编制依据、指导思想、计划目标、资源保证要求以及应重视的问题等做出说明。

(2)进度计划图

即表示施工进度计划的横道图或网络计划图。

(3)单位工程施工进度计划的风险分析及控制措施

风险分析应包括技术风险、经济风险、环境风险和社会风险的分析等。控制措施包括技术措施、组织措施、合同措施和经济措施等。

5. 单位工程施工进度计划的编制步骤和方法

(1)划分工作项目

工作项目是包括一定工作内容的施工过程，它是施工进度计划的基本组成单元。工作项目内容的多少，划分的粗细程度，应该根据计划的需要来决定。对于大型建设工程，经常需要编制控制性施工进度计划，此时工作项目可以划分得粗一些，一般指明确到分部工程即可，例如在装配式单层厂房控制性施工进度计划中，只列出土方工程、基础工程、预制工程、安装工程等各分部工程项目。如果编制实施性施工进度计划，工作项目就应划分得细一些。在一般情况下，单位工程施工进度计划中的工作项目应明确到分项工程或更具体，以满足指导施工作业、控制施工进度的要求。例如在装配式单层厂房实施性施工进度计划中，应将基础工程进一步划分为挖基础、做垫层、砌基础、回填土等分项工程。

[问一问]

为什么要划分工作项目？哪些项目要列出，哪些项目不列出？

由于单位工程中的工作项目较多，应在熟悉施工图纸的基础上，根据建筑结构特点及已确定的施工方案，按施工顺序逐项列出，以防止漏项或重项。凡是与工程对象施工直接有关的内容均应列入计划，而不属于直接施工的辅助性项目和服务性项目则不必列入。例如在多层混合结构住宅建筑工程施工进度计划中，应将主体工程中的搭脚手架，砌砖墙、现浇圈梁、大梁及混凝土板，安装预制楼板和灌缝等施工过程列入。而完成主体工程中的运输砖、砂浆及混凝土，搅拌混凝土和砂浆，以及楼板的预制和运输等项目，既不是在建筑物上直接完成，也不占用工期，则不必列入计划之中。

另外，有些分项工程在施工顺序上和时间安排上是相互穿插进行的，或者由同一专业施工队完成的，为了简化进度计划的内容，应尽量将这些项目合并，以突出重点。例如防潮层施工可以合并在砌筑基础项目内，安装门窗框可以并入砌墙工程。

(2)确定施工顺序

确定施工顺序是为了按照施工的技术规律和合理的组织关系，解决各工作项目之间在时间上的先后顺序和搭接问题，以达到保证质量、安全施工、充分利用空间、争取时间、实现合理安排工期的目的。

(3)计算工程量

工程量的计算应根据施工图和工程量计算规则，针对所划分的每一个工作项目进行。当编制施工进度计划时已有预算文件,且工作项目的划分与施工进度计划一致时,可以直接套用施工预算的工程量,不必重新计算。若某些项目有出入,但出入不大时,应结合工程的实际情况进行某些必要的调整。计算工程量时应注意以下问题:

① 工程量的计算单位应与现行定额手册中所规定的计量单位相一致,以便计算劳动力、材料和机械数量时直接套用定额,而不必进行换算。

② 要结合具体的施工方法和安全技术要求计算工程量。例如计算柱基土方工程量时,应根据所采用的施工方法(单独基坑开挖、基槽开挖还是大开挖)和边坡稳定要求(放边坡还是加支撑)进行计算。

③ 应结合施工组织的要求,按已划分的施工段分层分段进行计算。

(4)计算劳动量和机械台班数

当某工作项目是由若干个分项工程合并而成时,则应分别根据各分项工程的时间定额(或产量定额)及工程量,按公式(3-1)计算出合并后的综合时间定额(或综合产量定额)。

$$H=\frac{Q_1H_1+Q_2H_2+\cdots+Q_iH_i+\cdots+Q_nH_n}{Q_1+Q_2+\cdots+Q_i+\cdots+Q_n}=\frac{\sum Q_iH_i}{\sum Q_i} \qquad (3-1)$$

式中　H——综合时间定额(工日/m^2,工日/m^2,工日/t……);

　　　Q_i——工作项目中第i个分项工程的工程量;

　　　H_i——工作项目中第i个分项工程的时间定额。

根据工作项目的工作量和所采用的定额,即可按公式(3-2)或公式(3-3)计算出各工作项目所需要的劳动量和机械台班数。

$$P=Q \cdot H \qquad (3-2)$$

或

$$P=\frac{Q}{S} \qquad (3-3)$$

式中　P——工作项目所需要的劳动量(工日)或机械台班数(台班);

　　　Q——工作项目的工程量(m^3,m^2,t,……);

　　　S——工作项目所采用的人工产量定额(m^3/工日,m^2/工日,t/工日,……)或机械台班产量定额(m^3/台班,m^2/台班,t/台班,……)。

零星项目所需要的劳动量可结合实际情况,根据承包单位的经验进行估算。

由于水暖电卫等工程通常由专业施工单位施工,因此,在编制施工进度计划时,不计算其劳动量和机械台班数,仅安排其与土建施工相配合的进度。

(5)确定工作项目的持续时间

根据工作项目所需要的劳动量或机械台班数,以及该工作项目每天安排的工人数或配备的机械台班数,即可按公式(3-4)计算出各工作项目的持续时间。

$$D=\frac{P}{R \cdot B} \qquad (3-4)$$

式中 D——完成工作项目所需要的时间,即持续时间(d);

R——每班安排的工人数或施工机械台班数;

B——每天工作班数。

在安排每班工人数和机械台班数时,应综合考虑以下问题:

① 要保证各个工作项目专业班组中每一个工人拥有足够的工作面(不能少于最小工作面),以发挥高效率并保证施工安全。

② 要使各个工作项目上的工人数量不低于正常施工时所必需的最低限度(不能小于最小劳动组合),以达到最高的劳动生产率。

由此可见,最小工作面限定了每班安排人数的上限,而最小劳动组合限定了每班安排人数的下限。对于施工机械台数的确定也是如此。

每天的工作班数应根据工作项目施工的技术要求和组织要求来确定。例如浇筑大体积混凝土,要求不留施工缝连续浇筑时,就必须根据混凝土工程量决定采用两班制或三班制。

以上是根据安排的工人数和配备的机械台班数来确定工作项目的持续时间。但有时根据组织要求(如组织流水施工时),需要采用倒排的方式来安排进度,即先确定各个工作项目的持续时间,然后以此来确定所需要的工人数和机械台班数。此时,需要把公式(3-4)变换成公式(3-5)。利用该公式即可确定各工作项目所需要的工人数和机械台班数。

$$R = \frac{P}{D \cdot B} \qquad (3-5)$$

如果根据上式求得的工人数或机械台数已超过承包单位现有的人力、物力,除了寻求其他途径增加人力、物力外,承包单位应从技术上和施工组织上采取积极措施加以解决。

(6)绘制施工进度计划图

绘制施工进度计划图,首先应选择施工进度计划的表达形式。目前,表达建设工程施工进度计划的方法有横道图和网络图两种形式。横道图比较简单,而且非常直观,多年来被人们广泛地用于表达施工进度计划,并以此作为控制工程进度的主要依据。

但是,采用横道图控制工程进度具有一定的局限性。随着计算机的广泛应用,网络计划技术日益受到人们的青睐。

(7)施工进度计划的检查与调整

当施工进度计划初始方案编制好后,需要对其进行检查与调整,以便使进度计划更加合理。进度计划检查的主要内容包括:

① 各工作项目的施工顺序、平行搭接和技术间歇是否合理;

② 总工期是否满足合同规定;

③ 主要工种的工人是否能满足连续、均衡施工的要求;

④ 主要机具、材料等的利用是否均衡和充分。

在上述四个方面中,首要的是前两方面的检查,如果不满足要求,必须进行

[想一想]
　施工进度计划在什么情况下要做调整?

调整。只有在前两个方面均达到要求的前提下,才进行后两个方面的检查与调整。前者是解决可行与否的问题,而后者是优化的问题。

进度计划的初始方案若是网络计划,则可以利用第二章所述的方法分别进行工期优化、费用优化及资源优化。待优化结束后,还可将优化后的方案用时标网络计划表达出来,以便于有关人员更直观地了解进度计划。

第二节　进度计划的提交与审批

一、进度计划的提交

(一)提交及审核时间

1.总体进度计划

除另有规定外,承包人应在合同协议书签订之后的 28 天内,向驻地监理工程师提交 2 份其格式和内容符合监理工程师规定的工程进度计划,以及为完成该计划而建议采用的实施性施工方案和说明。驻地监理工程师(包括经驻地审核报总监理工程师审核)应在收到该计划的 14 天内审查同意或提出修改意见。如需修改则将进度计划退回承包人,承包人在接到监理工程师指令的 14 天内将修订后的进度计划提交给驻地监理工程师。

2.年度进度计划

一般承包人应在每年的 11 月底前,根据已同意的总体进度计划或其修订的进度计划,向驻地监理工程师提交 2 份其格式和内容符合监理工程师规定的下一年度的施工进度供审查。该计划应包括本年度预计完成的和下一年度预计完成的分项工程数量和工程量以及为实现此计划采取的措施。由总监理工程师和驻地监理工程师对年度进度计划进行审核与批复。进度计划获得同意的时间最迟不宜超过 12 月 20 日,以免影响下一年度的施工。

[问一问]
　进度计划提交时间如何确定?

3.月进度计划

承包人应在确保合同工期的前提下,每三个月对进度计划进行一次修订,一般应在前一个进度计划的最后一个月的 25 日前提交给监理工程师。施工过程中,如果监理工程师认为有必要或者工程的实际进度不符合经监理同意的进度计划,监理工程师可要求承包人每 1 个月提交一次工程进度修订计划,以确保工程在预定工期内完成。

(二)提交内容和审批程序

1.承包人提交工程进度计划的内容

承包人提交的进度计划内容应符合本章第一节"进度计划的主要内容"中的规定并符合规定的图表格式。

2.批复程序

所有的进度计划均先报驻地监理工程师,由驻地监理工程师组织监理人员进行初审,按照总监理工程师关于进度计划管理的授权进行批复或转报总监理工程师批复。一般总体进度计划、年度计划、关键主体工程进度和复杂工程施工方案，由驻地工程师提出审查意见后报总监理工程师批复，报业主备案，其他计划由驻地监理工程师审查批复，向总监理工程师备案。审核工作应按以下程序进行：

① 阅读有关文件、列出问题、调查研究、搜集资料、酝酿完善或调整的建议。

② 与承包人对有关进度计划编制问题进行讨论或澄清，并提出修改建议。

③ 汇总、综合、确定批复意见。

④ 如承包人进度计划不被接受，监理工程师应提出修改建议并退回承包人，督促承包人重新编制，并按上述程序再予以提交和审核。施工进度计划审批程序参见图 3-1。

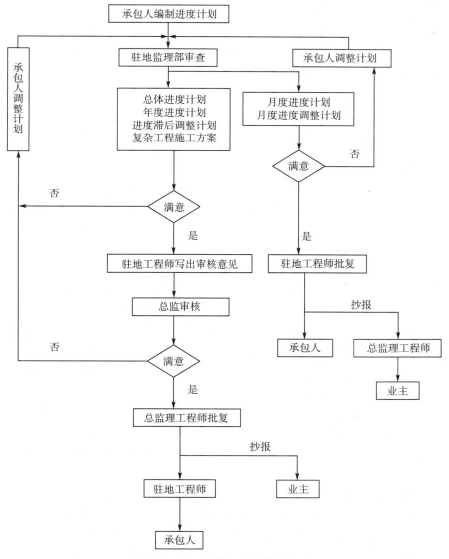

图 3-1 施工进度计划审批程序图

3. 批复的主要内容

监理工程师对承包人编制的进度计划无论同意与否,均要以书面的形式予以批复,批复主要内容应包括:

① 明确是否接受提交的进度计划,并说明理由。

② 提出完善进度计划或重新编制进度计划的建议和要求。

③ 对可接受的进度计划,应明确指出需要补充的内容、完善的措施、时限要求和补充提交的资料。

④ 对需要重新编制的进度计划,应明确编制要求、重点及编制中应注意的问题。

(三)编制进度计划的时间要求

进度计划的编制必须在该计划控制的时限到来之前完成,以确保对工程施工的指导作用。

二、进度计划的审批

(一)进度计划审核的基本要求

进度计划的审核是通过审核承包人的进度计划,使工程实施的时间安排合理、施工方案和工艺可行、有效,施工能力与计划目标相适应。

1. 以合同为依据

监理工程师在审核进度计划时必须以合同为依据,以实现合同规定的分阶段进度计划,确保合同总工期内完成工程施工要求为目标。即工程进度计划以月保季、季保年,年计划保证总工期实现为目标,审查进度计划的合理性和对施工的指导性。

2. 资源投入满足工程进度计划需要

承包人为完成工程投入的人员、设备、资金和材料等资源是实现工程进度计划的重要措施和保证。进度计划的审查要对资源的数量、性能、规格及人员,以及符合要求的资源的投入时间,进行详细核算,保证完成进度计划的需要。

3. 施工方案满足技术规范要求

[想一想]

相关工程如何协调?

合理的施工方案是使所建工程质量达到合同目标的基础。审核进度计划时,要对各分项工程,特别是主要分项工程的施工方案和施工工艺的合理性和可行性进行认真的审核。施工方案及施工工艺必须符合有关技术规范的规定,符合施工现场水文、地质、气象、交通等条件,符合业主为达到预期的质量目标,在工程合同中规定的施工方案或施工工艺要求,承包人的资源投入必须与之相适应。

4. 相关工程协调

进度计划审核中心须根据工程内容、特点,全面综合协调各施工单位的工程进度计划,突出保证关键主体工程,便于工程管理和对已完工程的有效保护,使各项工程、各工种和各施工单位施工作业协调、有序地进行,避免相互影响和干扰。

为此,各阶段进度计划中,应明确关键工程项目并予以优先安排,重点保护;分项工程、施工单位间的相互关系和交接明确;为后续工程进展创造有利的施工条件;工作量计划和形象进度兼顾,以保证形象进度为主。

(二)进度计划审核的主要内容

1.总体进度计划

(1)审核内容

① 工程项目的合同工期;

② 完成各单位工程及各施工阶段所需要的工期、最早开始和最迟结束的时间;

③ 各单位工程及各施工阶段需要完成的工程量及现金流动估算,配备的人员及机械数量;

④ 各单位工程或分部工程的施工方案和施工方法等。

[想一想]
进度计划有哪几种? 各包括哪些审核内容?

(2)应提供的资料

① 施工总体安排和施工总体布置(应附总施工平面图);

② 工程进度计划以关键工程网络图和主要工程横道图形式分别绘制,并辅以文字说明。一般对总体进度计划图和复杂的单位工程应采用网络图,对工序少,施工简单的单位工程采用横道图或斜线图,对工作量的进度计划的表示采用S曲线图;

③ 永久占地和临时占地计划;

④ 资金需求计划;

⑤ 材料采购、设备调配和人员进场计划;

⑥ 主要工程施工方案;

⑦ 质量保证体系及质量保证措施(附施工组织机构框图和质保体系图);

⑧ 安全生产措施(附安全生产组织框图)和环境保护措施;

⑨ 雨、冬季施工质量保证措施;

总体进度除满足基本要求外,还应注意:

① 承包人对投标书中所拟施工方案的具体落实措施的可行性和可靠性;

② 承包人进驻施工现场后,针对更详细掌握的现场情况和施工条件(如地形、地质、施工用地、拆迁、便道、设计变更等),对工程进度和施工方案以及相应施工准备、施工力量和施工活动的补充和调整;

③ 对特别重要、复杂工程及不利季节施工的工程和采用新工艺、新技术的施工安排和措施的可行性和可靠性分析。

2.关键工程进度计划

关键工程进度计划是总体工程进度计划的主要组成部分,对项目总工期起着控制作用。其内容应与总体进度计划协调一致,有更强的针对性,并在计划中明确、突出,加大措施保证其实现。

[想一想]
关键工程与主要工程的区别有哪些?

(1)审核的内容

① 施工方案和施工方法;

② 总体进度计划及各道工序的控制日期;

③ 现金流动估算；

④ 各工程阶段的人力和设备的配额及运输安排；

⑤ 施工准备及结束清偿的时间；

⑥ 对总体进度计划及其他相关工程的控制、依赖关系和说明等。

(2)应提供的资料

① 施工进度计划应细化分项工程各道工序的控制日期，并以图表的形式表达；

② 施工场地布置图，主要料场分布图（如取土场）；

③ 资金需求计划；

④ 材料采购、设备调配和人员进场计划；

⑤ 具体施工方案和施工方法；

⑥ 质量保证体系及质量保证措施（附施工组织机构框图和质保体系图）；

⑦ 安全生产措施（附安全生产组织框图）和环境保护措施；

⑧ 雨季施工质量保证措施；

⑨ 冬、夏季施工质量保证措施。

3. 年度计划的审核

(1)审核的内容

① 本年度计划完成的工程项目、内容、工程数量及工作量；

② 施工队伍和主要施工设备、数量及调配顺序；

③ 不同季节及气温条件下各项工程的时间安排；

④ 在总体计划下对各分项工程进行局部调整或修改的详细说明等。

(2)应提供的资料

① 本年度工程进度计划（计划完成的工程项目、内容、数量及投资）；

② 计划进度图表，进度图表中各分项工程的进度均要细化到月；

③ 资源投入计划，包括：主要施工设备投入、调配计划、主要技术和管理人员投入计划、劳力组织计划、资金投入计划（主要指承包人在合同中承诺的由承包人投入到本工程的资金）；

④ 资金流量估算表（计划需业主支付给承包人的）；

⑤ 永久和临时占地计划；

⑥ 保证工期和质量的措施；

⑦ 特殊季节施工质量保证措施。

(3)审核注意事项

年度进度计划是在总体进度计划和各关键工程进度计划已获得监理工程师批复的基础上编制。年度计划审核要注意以下事项：

① 工期和进度必须符合总体进度计划的要求；

② 工作量和形象进度计划应保持一致，以形象进度为主；

③ 人员、设备、材料等投入应在数量、进程时间和分配上应进一步具体化，明确各分项工程所分配的具体数量，保证适应工程进展的需要；

④ 各分项工程的开工和完成日期以及各分项工程或各单位工程间的相互衔接关系进一步明确;

⑤ 根据实际进展情况,对单位工程或分项工程及完成它所采取的工程措施和资源投入进行局部调整或修改。

4. 月进度计划审核

月进度计划审核的基本要求和主要内容与年度计划审核基本相同,只是时间跨度更小,对各分项工程的控制更加具体,不再赘述。

(三)各工程进度计划审核的准备

1. 搜索与进度计划审核有关的技术资料

为了使通过监理工程师审核和批复的施工组织计划或工程进度计划合理,并对工程实施具有指导性,监理工程师应全面地搜集与工程有关的资料,并进行现场调查,这些资料包括:

(1)合同文件及其涉及的技术规范;

(2)地质、水文和气象资料;

(3)当地料源、土场分布情况;

(4)当地交通条件及水、电分布资料;

(5)社会环境及当地民风、民俗;

(6)与编制进度计划有关的工程定额和手册等。

2. 阅读合同文件

重点从以下几个方面掌握合同文件:

(1)工期

工程合同中对工期的规定有总的工期目标和分阶段工期目标,对进度的控制有工作量控制和形象进度控制,以及各期工程的起止时间和有关施工单位的进场时间。熟悉合同时,必须注意全面掌握,各目标兼顾,并充分考虑不利施工季节可能对工程顺利进行的影响。

(2)工作量

应注意掌握:工程的分期及其工程范围和内容。如小桥涵的护栏有的包含在路基桥涵工程中,有的包含在交通工程中。分隔带换土有的包含在路基或路面工程中,有的包含在绿化工程中。要明确界定范围,避免计划安排的遗漏或重复和施工作业的相互干扰。

(3)新技术、新工艺的采用

采用新技术、新工艺,往往对施工工艺、技术指标、试验、测试、数据的收集、验收与评定有特殊的要求,对进度的影响较大,阅读合同时应注意以下几点:

① 与常规施工方法的不同;

② 新技术或新材料的特性及主要控制指标;

③ 新材料、新工艺施工前的考察、研讨、培训等准备;

④ 试验、试验所需的时间;

⑤ 需要专用机械或设备;

[想一想]

新技术、新工艺对工程质量有什么影响? 是否影响进度?

⑥ 与常规方法在施工效率方面的不同。

3. 监理人员的组织与分工

工程计划的编报和审核是一项技术含量高、涉及范围广、各学科知识相互渗透和影响的工作，应由监理主要负责人组织各专业工程师参加，在全面搜集资料、熟悉合同、了解现场及本工程特点的基础上进行。应注意以下事项：

(1)参加审核人员的数量和专业视工程规模、内容、复杂程度而定，技术和业务应能覆盖整个工程。

(2)人员分工力求各尽所能，扬长避短，可参考如下方法：

主要负责人负责组织协调工作，并对进度计划总体安排的合理性、工程总工期目标和分阶段工期目标的保证措施、主要工程施工方案的采用、各合同或各单位工程以及各期工程的协调等进行审核，根据审核工作进展情况适时调整人员分工。其他人员根据专业分别审查其有关内容。

[想一想]

各级监理审批权限有何区别？

(3)各级监理审批权限有所不同：

各级监理审批进度计划的权限由总监理工程师决定。一般情况下，总体进度和年度进度计划由总监理工程师批复，月进度计划由驻地工程师批复。当工程实际进度严重偏离计划进度，驻地工程师应指令承包人调整进度计划。由驻地工程师审查同意后报总监理工程师审批。重要或关键工程的总体进度计划应经驻地工程师审查同意后报总监理工程师审批。

4. 审核中的资料分析与整理

(1)分析与整理的目的

对已掌握资料分析与整理，目的在于：

① 分析可能影响工程正常进展、影响实现合同规定阶段控制目标和工期目标的因素；

② 掌握和分析承包人为实现本工程的预期目标拟投入的人力、设备、资金的适应能力；

③ 探索避免或减少各种不利施工的自然因素(如雨季、冬季施工、不良地质条件)影响的施工安排和技术措施；

④ 明确工程施工的技术难点和采用新技术、新工艺应予重点控制的环节和技术措施；

⑤ 明确可能影响安全生产的工程部位和施工环节，及其在计划中采取的措施。

(2)分析和整理的重点

① 设计资料和实际情况的符合性

由于种种原因(设计管理中的协调、勘探设计的深度、技术水平等)，常有设计资料与实际不符的情况发生。补充必要的勘探资料或变更设计，有利于工程按计划进行。常见情况有：

a. 地质资料方面，钻孔的密度未能控制实际地质情况或描述不符合实际；

b. 当地料场、取土场及地材质量和储存量、供应能力等不准确；

c. 工程各部位设计不协调(即设计文件中的各组成部分,不协调一致)等。

② 施工环境的影响

a. 气候的影响;

b. 地质、水文的影响;

c. 当地工农业生产对本工程所需材料、劳务、水、电供应能力的影响;

d. 当地风俗、习惯的影响,如传统节日、麦收、秋收等。

③ 承包人履约能力

从承包人进场、组织机构、质检系统、人员和机械设备进场及施工准备情况等方面分析承包人合同意识和质量意识。

5. 计划审查注意事项

(1)保证合同工期

总体进度计划是整个工程的进度安排,总工期、分阶段工期目标必须得到保证,并符合合同要求。

[想一想]

如何才能保证合同工期?

年度、月度或其他进度计划是总体进度计划的特定阶段,工期和进度的安排必须符合总体进度计划。如上一阶段实际进度与总体计划进度有偏差(主要指进度滞后),应在下阶段中予以调整,如发生的偏差较大,超出了正常范围,应考虑总体进度计划的调整。

总体进度计划中工程开始和完成日期、工程进度和资源投入是针对工程总体而言,年度或月度计划中必须把工作衔接、资源投入明确落实到具体项目。

(2)重视形象进度

保证工作量进度与形象进度一致是保证全工程协调有序进行和为后续工程创造有利工作条件的措施之一。审查进度计划和实际控制进度时,应防止片面追求和加大工作量计划可能导致对总体进度的干扰。如地形复杂的大填大挖路段,其工作量占工程总金额的比重不一定很大,但是机械难以进场和调头,工作面小,操作困难,工程初期对其难度估计不足,后期可能成为影响后续工程施工的因素。

(3)控制关键工程

关键工程进度计划,必须在技术、物质、人员、资金方面得以充分保证,有关的非关键工程要在不干扰其顺利实施的条件下与关键工程协调安排。

(4)保证质量目标

进度计划中对质量保证的审核应注意:

① 合同中承诺的主要技术管理人员必须按要求到位,质量保证体系须完善、有效,不得随意更换,并根据现场实际需要适时调整。如认为技术和管理人员不足,应要求承包人补充。

② 承包人所投入的主要机械设备的数量、规格和性能应与合同中的承诺一致,并根据批准的施工方案和工艺的需要来进行充实和调整。审查重点是大型专用设备,如起重设备、土方工程中的重型压实设备等。

③ 指定施工工艺的落实。有的工程合同文件中对工程施工工艺提出明确要

求,进度计划审批时应注意予以保证。例如,规定对水泥混凝土工程采用集中机械拌和、搅拌运输、场地硬化、使用大模板;楼板结构层用覆盖养生;钢筋混凝土预制梁(板)先做试验梁,合格后允许批量预制等。

(5)多工种、多单位施工协调

建设工程一般有多个承包人参与施工。为了相互配合,协调作业,减少干扰,有序地进行施工,必须对各个承包人编制的计划进行协调,以下方面可供参考:

① 在明确并保证关键建设工程施工不受干扰的情况下,尽可能多地开展施工作业;

② 现场清理,特别是挖、弃方量比较大的现场清理工作(主要指路线征地界以内部分),宜在隔离栅安装前完成;

③ 群众生产、生活的通道、便道,应及时疏通并能正常通行,排水系统应在雨季前疏通等。

[想一想]
施工环境有何消极影响?

(6)施工环境的影响

① 施工现场条件的影响

a. 原地面、路堑或取土场含水量过高,压实前需做排水、翻晒,或因有不适宜土,需做部分清除或分层剥离处理;

b. 岩溶地质条件和地质条件出现意外情况的处理;

c. 工程实际与实际地质、水文不符(如路槽有渗水、涌水情况发生,地基承载力不足等)的设计变更;

d. 冬、雨季不利施工季节或因意外地下文物、构造物(如电力、电讯、水利设施等)因素影响的停工。

② 施工环境的影响

a. 工程建设所需地方材料的供应能力及其质量的影响;

b. 民风、民俗对本工程劳务的影响;

c. 预计提供施工用地及地物拆迁进展对工程安排的影响;

d. 当地有关部门和群众可能对施工进度的影响。

(7)采用新技术、新工艺的影响

① 采用新技术、新工艺的工程不论承包人是否有类似工程施工的经历,全面展开施工前,应具备如下条件,并在进度计划中安排;

② 具备和掌握了技术规范、操作规程,对施工人员进行了岗位培训,并有严密的施工组织和质量保证措施;

③ 机械设备检测仪器的配备适应工程需要,工程材料符合要求;

④ 进行了试验段或关键施工环节的施工检测,取得的检测数据符合设计要求,并在总结经验基础上,调整完善了施工方案和操作规程。

(8)必须对承包人提交的资料进行复核、计算

对承包人提交的资料,计划审批人员应进行计算、复核,不符合要求的,不予审批,提出修改意见,返回让承包人重新修改,再报送。

【实践训练】

(一)背景资料

某道路工程,包括拆迁旧物、清理现场、临时工程、地下管线、涵洞和排水构造物、路基工程、路面工程、桥梁、沿线设施、整修共9个分项。各分项工程的持续时间和相互之间的逻辑关系见表3-3。承包商编制的进度计划如图3-2所示。

表3-3 各分项工程的持续时间和相互之间的逻辑关系

分项代号	分项名称	紧前分项	工期(天)	投入班组数
A	拆迁旧物、清理现场	—	30	1
B	临时工程	—	20	2
C	地下管线	A、B	250	4
D	涵洞和排水构造物	B	100	5
E	路基工程	C、D	300	8
F	路面工程	E	400	10
G	桥梁	B	360	15
H	沿线设施	F、G	90	2
I	整修	H	15	2

图例

ES	EF	TF
LS	LF	FF

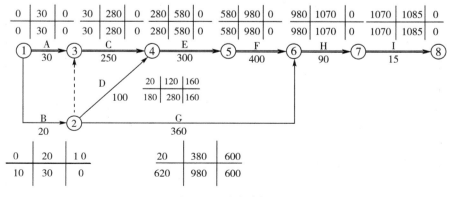

图3-2 进度计划

(二)问题

监理工程师的审批意见。

(三)分析与解答

监理工程师对这份进度计划进行了审批,提出以下审查意见:

1. 指令工期为850天,而进度计划是按此指令工期推迟235天进行编制的,而时间延期未得到任何批准。审查不批准承包商提交的进度计划,建议承包商:

(1)涵洞和排水构造物这个分项的机动时间为160天。为缩短总工期,将这个分项的五个作业班组抽出一个去支援地下管线工程。

(2)将路基工程和路面工程分为两个作业段,进行流水施工。

2. 需补做人工、材料、机械设备的详细计划安排表,以便说明施工过程不同时间所需的具体数量。

3. 对桥梁工程需做出详细分部工程计划安排。

承包商结合监理工程师的审查意见,对进度计划进行修订。各分项的持续时间和相互之间的逻辑关系见表3-4,新的进度计划如图3-3所示。

表3-4 各分项的持续时间和相互之间新的逻辑关系

分项代号	分项名称	紧前分项	工期(天)	投入班组数
A	拆迁旧物、清理现场	—	30	1
B	临时工程	—	20	2
C	地下管线	A、B	200	5
D	涵洞和排水构造物	B	125	4
E_1	路基工程施工段1	C、D	110	8
E_2	路基工程施工段2	E_1	190	8
F_1	路面工程施工段1	E_1	200	10
F_2	路面工程施工段2	F_1、E_2	200	10
G	桥梁	B	360	15
H	沿线设施	F_2、G	90	2
I	整修	H	15	2

图例

ES	EF	TF
LS	LF	FF

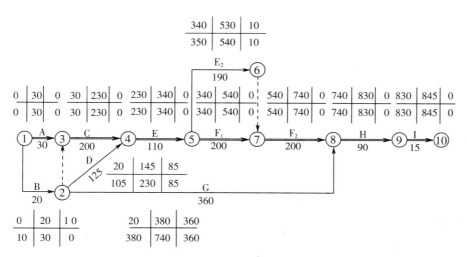

图 3-3 修订的进度计划

本章思考与实训

1. 编制进度计划的依据是什么？
2. 进度计划的基本内容有哪些？
3. 简述施工总进度计划的编制步骤。
4. 简述施工进度计划审批程序。
5. 简述进度计划审核的主要内容。

第四章　单位工程施工组织设计

【内容要点】

　　1.施工组织设计的概念；

　　2.施工组织设计编制原则；

　　3.施工组织设计的作用；

　　4.施工组织设计编制的依据和程序；

　　5.施工组织设计内容。

【知识链接】

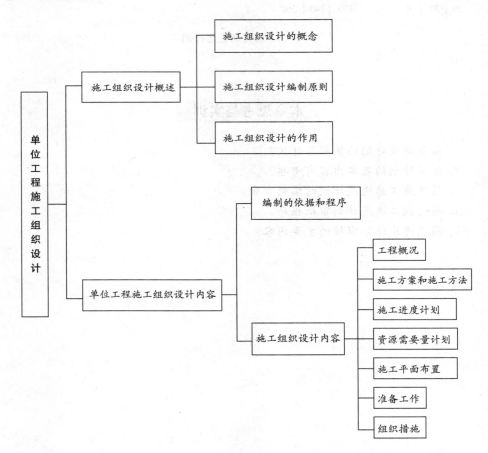

第一节　施工组织设计的编制原则与作用

一、施工组织设计的概念

施工组织设计,是建设工程施工组织管理工作的核心和灵魂,是指导拟建工程项目进行施工准备和正常施工的基本技术经济文件,是对拟建工程在人力和物力、时间和空间、技术和组织等方面所做的全面、合理的安排。

如何以更快的施工速度、更科学的施工方法和更经济的工程成本完成每一项建筑施工任务,这是工程建设者极为关心并不断为之努力追求和奋斗的工作目标。

施工组织设计作为指导拟建工程项目的全局性文件,应尽量适应施工安装过程的复杂性和具体施工项目的特殊性,并且尽可能保持施工生产的连续性、均衡性和协调性,以实现生产活动的最佳经济效果。

施工过程的连续性是指施工过程的各阶段、各工序之间,在时间上具有紧密衔接的特性。保持生产过程的连续性,可以缩短施工周期、保证产品质量和减少流动资金占用。施工过程的均衡性是指项目的施工单位及其各施工生产环节,具有在相等的时段内,产出相等或稳定递增的特性,即施工生产各环节不出现前松后紧、时松时紧的现象。保持施工过程的均衡性,可以充分利用设备和人力。减少浪费,可以保证生产安全和产品的质量。施工过程的协调性,也称施工过程的比例性,是指施工过程的各阶段、各环节、各工序之间,在施工机具、劳动力的配备及工作面积的占用上保持适当比例关系的特性。施工过程的协调性是施工连续性的物质基础。施工过程只有按照连续生产、均衡生产和协调生产的要求去组织,才能有顺序地进行。

二、施工组织设计的编制原则

1. 重视工程的组织对施工的作用;
2. 提高施工的工业化程度;
3. 重视管理创新和技术创新;
4. 重视工程施工的目标控制;
5. 积极采用国内外先进的施工技术;
6. 充分利用时间和空间,合理安排施工顺序,提高施工的连续性和均衡性;
7. 合理部署施工现场,实现文明施工。

三、施工组织设计的作用

施工组织设计一般由建设总承包单位或项目经理部的总工程师编制。其主要作用是:

1. 施工组织设计是施工准备工作的一项重要内容,同时又是指导各项施工准备工作的依据;

[问一问]
　编制施工组织设计要遵循哪些原则?

[想一想]
　施工组织设计在项目管理中有何地位?

2. 施工组织设计体现了实现基本建设计划和设计的要求，可进一步验证设计方案的合理性与可行性；

3. 施工组织设计为拟建工程所确定的施工方案、施工进度和施工顺序等，是指导开展紧凑、有秩序施工活动的技术依据；

4. 施工组织设计所提出的各项资源需要量计划，直接为物资供应工作提供数据；

5. 施工组织技术对现场所做的规划与布置，为现场的文明施工创造了条件，并为现场平面管理提供了依据；

6. 施工组织设计对施工企业的施工计划起决定性和控制性的作用。施工计划是根据施工企业对建筑市场所进行科学预测和中标的结果，结合本企业的具体情况，制定出的企业不同时期应完成的生产计划和各项技术经济指标。而施工组织计划是按具体的拟建工程的开工、竣工时间编制的指导施工的文件。因此，施工组织设计与施工企业的施工计划两者之间有着极为密切、不可分割的关系。施工组织设计是编制企业施工计划的基础；反过来，制定施工组织设计又要服从企业的施工计划，两者是相辅相成、互为依据的；

7. 施工组织设计是统筹安排施工企业生产的投入与产出过程的关键和依据。建筑产品的生产和其他工业产品的生产一样，都是按要求投入生产要素，通过一定的生产过程生产出成品，而中间转换的过程离不开管理。建筑施工企业也是如此，从承担工程任务开始到竣工验收交付使用为止的全部施工过程的计划、组织和控制的基础就是科学的施工组织设计；

8. 通过编制施工组织设计，可充分考虑施工中可能遇到的困难与障碍，主动调整施工中的薄弱环节，事先予以解决或排除，从而提高了施工的预见性，减少了盲目性，使管理者和生产者做到心里有数，为实现建设目标提供了技术保证。

第二节　单位工程施工组织设计内容

一、施工组织设计编制的依据和程序

(一)施工组织总设计编制依据

[想一想]
施工组织总设计和单位工程施工组织设计之间有何关系？

施工组织总设计是以整个建设项目或以群体工程为对象编制的，是整个建设项目或群体工程组织施工的全局性和指导性施工技术文件。一般在有了初步设计(或扩大初步设计)和技术设计、总概算或修正总概算后，由负责该项目的总承包单位为主，有建设单位、设计单位和分包单位等参与共同编制，它是整个建设项目总的战略部署，并作为编制年度施工计划的依据。

施工组织总设计编制依据如下：

1. 计划文件；

2. 设计文件；

3. 合同文件；

4. 建设地区基础资料；

5.有关的标准、规范和法律;

6.类似建设工程项目的资料和经验。

(二)单位工程施工组织设计的编制依据

单位工程施工组织设计是以一个单位工程,即一个建筑物或一座构筑物为施工组织对象而编制的,一般应在有施工图设计和施工预算后,由承建该工程的施工单位负责编制,是单位工程组织施工的指导性文件,也是编制月、旬、周施工计划的依据。

单位工程施工组织设计的编制依据如下:

1.建设单位的意图和要求,如工期、质量、预算要求等;

2.工程的施工图纸及标准图;

3.施工组织总设计对本单位工程的工期、质量和成本的控制要求;

4.资源配置情况;

5.建筑环境、场地条件及地质、气象资料,如工程地质勘测报告、地形图和测量控制等;

6.有关的标准、规范和法律;

7.有关技术新成果和类似建设工程项目的资料和经验。

(三)编制施工组织设计的程序

施工组织设计的编制程序是指施工组织设计编制过程中必须遵循的先后顺序和相互依存的制约关系。施工组织设计根据其特点和施工条件,编制程序繁简不一。一般工程施工组织设计的编制程序如下:

[做一做]

请总结出:施工组织设计的编制程序。

1. 施工组织总设计的编制程序

如图 4-1 所示。

图 4-1　施工组织总设计的编制程序

2. 单位工程施工组织设计的编制程序

如图 4 - 2 所示。

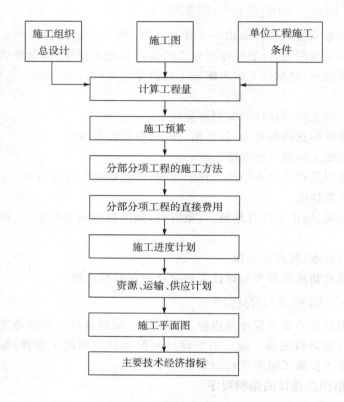

图 4 - 2　单位工程施工组织设计的编制程序

二、施工组织设计内容

单位工程施工组织设计的编制内容有 7 项，一般包括工程概况、施工方案及施工方法、施工进度计划、施工准备工作计划、各项需用量计划、施工现场平面布置图及主要施工技术组织措施等。现分述如下：

(一)工程概况及施工特点分析

工程概况是对拟建工程的工程特点、现场情况、施工条件等所作的一个简要的、突出重点的文字介绍，也可用表格的形式，简洁明了。表 4 - 1 所示的是一个房屋建筑工程的工程概况表。

1. 工程特点

主要介绍工程设计图纸的情况，特别是设计中是否采用了新结构、新技术、新工艺、新材料等内容，提出施工的重点和难点，阅后使人对工程有总体了解。

2. 施工特点

不同类型的建筑，不同条件下的工程施工，均有其不同的施工特点。如砖混结构住宅建筑的施工特点是：砌体和抹灰的工程量大，水平和垂直运输量大等。

单层排架结构厂房的施工特点是：基础挖土量及现浇混凝土量大，现场预制构件多及结构吊装量大，土建、设备、电器、管道等施工安装的协作配合要求高等。现浇混凝土高层建筑的施工特点是：地下室基坑支护结构安全要求高，结构和施工机具设备的稳定性要求高，钢材加工量大，混凝土浇筑困难，脚手架搭设要进行设计计算等。

3. 现场情况

亦称建设地点特征。主要说明建筑物位置、地形、地质、地下水位、气温、冬雨季时间、主导风向以及地震烈度等情况。

4. 施工条件

简要介绍现场三通一平情况；当地的资源生产、运输条件；企业内部机械、设备、劳动力等落实情况及承包方式；现场供电、供水、供气情况等。

表 4-1　工程概况表

建设单位			工程名称		
设计单位		开工日期	监理单位		竣工日期
工程概况	建筑面积		现场综合情况	施工用水	
	建筑层数			施工用电	
	建筑高度			施工用气	
	建筑跨度			施工道路	
	基础类型及埋深			地下水位情况	
	墙				
	柱			气温情况	
	屋盖				
	楼地面			雨量情况	
	门　窗				
	吊装件最大重量				
	吊装件最大起吊高度				

(二)施工方案

施工方案是指工、料、机等生产要素的有效结合方式。确定一个合理的结合方式，也就是从若干方案中选择一个切实可行的施工方案来，这个问题不解决，施工根本不可能进行。它是编制施工组织设计首先要确定的问题，是决定其他内容的基础。施工方案的优劣，在很大程度上决定了施工组织设计的质量和施工任务完成的好坏。

1. 施工方案制订和选择的基本要求

(1)切实可行

制订施工方案必须从实际出发，一定要切合当前的实际情况，有实现的可能

[想一想]

什么是施工方案？如何才能确定最优施工方案？

性。选定方案在人力、物力、技术上所提出的要求,应该是当前已有条件或在一定时期内有可能争取到的条件,否则任何方案都是不足取的。这就要求在制订方案之前,深入细致地做好调查研究工作,掌握主客观情况,进行反复的分析比较。方案的优劣,并不首先取决于它在技术上是否最先进,或工期是否最短,而是首先取决于它是否切实可行,只能在切实可行的范围内力求其先进和快速。两者必须统一起来,但"切实"应是主要的、决定的方面。

(2)施工期限满足业主要求

保证工程特别是重点工程按期和提前投入生产或交付使用,迅速发挥投资的效果。因此,施工方案必须保证在竣工时间上符合业主提出的要求,并争取提前完成。这就要求在制订方案时,从施工组织上统筹安排,在照顾到均衡施工的同时,在技术上尽可能动用先进的施工经验和技术,力争提高机械化和装配化的程度。

(3)确保工程质量和安全生产

基本建设是百年大计,要求质量第一,保证安全生产。因此,在制订施工方案时就要充分考虑工程质量和生产的安全。在提出施工方案的同时要提出保证工程质量和安全生产的技术组织措施,使方案完全符合技术规范与安全生产的要求。如果方案不能确保工程质量与生产安全,则其他方面再好也是不可取的。

(4)施工费用最低

施工方案在满足其他条件的同时,也必须使方案经济合理,以增加盈利。这就要求在制订方案的同时,尽力采取降低施工费用的一切正当的、有效的措施,从人力、材料、机具和间接费等方面找出节约的因素,发掘节约的潜力,最大限度地降低工料消耗和施工费用。

以上几点都是一个统一的整体,是不可分的,在制订施工方案时应进行通盘的考虑。现在施工技术的进步,组织经验的积累,每项工程的施工都可以用多种不同的方法来完成,存在着多种可能的方案供我们选择。这就要求在确定方案时,要以上述几点作为衡量标准,经过多方面的分析比较,全面权衡,选出最好方案。

2. 施工方案的基本内容

施工方案包括的内容很多,但概括起来,主要有4项:

(1)施工方法的确定;

(2)施工机具的选择;

(3)施工顺序的安排;

(4)施工的组织安排。

[问一问]

编制施工进度计划应包括哪些内容?

前两项属于施工方案的技术内容,后两项属于施工方案的组织内容。不过,机械的选择中也含有组织的问题,如机械的配套;在施工方法中也有顺序问题,它是技术要求不可变换的顺序,而施工顺序则专指可以灵活安排的施工顺序。技术方面是施工方案的基础,但它同时又必须满足组织方面的要求,同时也把整个的施工方案同进度计划联系起来,从而反映进度计划对于施工方案的指导作用,两方面是互相联系而又互相制约着的。为把各项内容的关系更好地协调起来,使之更趋完善,为施工方案的实施创造更好的条件,施工技术组织措施也就成为施工方案各项内容必不可少的延续和补充,成了施工方案有机的组成部分。

(三)施工进度计划

施工进度计划是施工组织设计在时间上的体现。进度计划是组织与控制整个工程进展的依据,是施工组织设计中关键的内容。因此,施工进度计划的编制要采用先进的组织办法(如立体交叉流水施工)和计划理论(如网络计划、横道图计划等)以及计算方法(如各项参数、资源量、评估指标计算等),综合平衡进度计划,规定施工的步骤和时间,以期达到各项资源在时间、空间上的合理利用,并满足既定的目标。

施工进度计划包括划分施工过程、计算工程量、计算劳动量、确定工作天数和工人人数或机械台班数,编排进度计划表及检查与调整等项工作。为了确保进度计划的实现,还必须编制与其适应的各项资源需要量计划。

(四)资源需要量及其供应

资源需要量是指项目施工过程中所要消耗的各项资源的计划用量,主要包括:劳动力需用量、施工机具设备需用量、主要建筑材料及购配件需用量以及施工用水、电、动力、运输、仓储设施等的需要量。编制这些计划用量是施工组织设计的组成部分,也是施工单位做好施工准备和物资供应工作的主要依据。

落实各项资源,是实施工程的物质保证,离开了资源条件,再好的施工进度计划,也将是一纸空文。因此,做好各项资源的供应、调度、落实,对保证施工进度,甚至质量、安全都极为重要,应充分予以重视。

(五)施工现场平面布置

施工现场平面布置是根据拟建项目各类工程的分布情况,对项目施工全过程所投入的各项资源(材料、构件、机械、运输和劳动力等)和工人的生产、生活、活动场地做出统筹安排,通过施工现场平面布置图或总布置图的形式表达出来,它是施工组织设计在空间上的体现,是现场文明施工的基本保证。绘制施工现场平面布置图应遵循方便、经济、高效、安全的原则进行,以确保施工顺利进行。

对于工程比较复杂或施工期较长的单位工程,施工平面图往往随工程进度(如基础、结构、装饰装修等)分阶段地有所调整,应编制出不同施工阶段的施工平面布置图以适应各不同施工周期的需要。

[想一想]
绘制施工现场平面布置图应注意哪些问题?

(六)工程施工准备工作计划

施工准备是为工程早日开工和顺利进行所必须做的工作。施工准备工作计划的内容主要包括:技术准备、施工现场准备、劳动力准备、物资材料准备及施工组织准备等。应在准备工作比较充分的基础上进行施工,防止仓促施工而造成的停工、窝工或其他等不必要的损失。

[问一问]
工程施工要做哪些准备工作?

(七)主要施工技术组织措施

主要施工技术组织措施是为保证工程进度、施工质量、安全生产、降低成本和文明施工等目标而制订的主要技术组织措施,这些措施既要行之有效又要切实可行。如大体积混凝土施工中如何防止水泥水化热过高的措施;如何进行温度控制;如何进行测温作业等。深基础施工中如何防止塌方、确保安全生产的措施;大跨度或大吨位构件吊装中,如何确保构件在起身、吊装过程中的防裂和安全措施等。

综上所述:单位工程施工组织设计的这 7 项内容是有机地联系在一起的,互相促进,互相制约,密不可分。

至于每个施工组织设计的具体内容,将因工程情况以及使用目的的差异,都有多少、繁简、深浅之分。比如,当工程处于城市或原有的工业基地时,则施工的水、电、道路与其他附属生产等临时设施将大为减少,现场准备工作的内容就会减少;当工程在离城市较远的新开拓地区时,施工现场所需要的各种设施必须都考虑到,准备工作内容就多。对于一般性的建筑,组织设计的内容较为简单,对于复杂的民用建筑和工业建筑或规模较大的工程,施工组织设计的内容较为复杂。为群体建筑做战略部署时,重点解决重大的原则性问题,涉及面也较广,组织设计的深度就较浅;为单位建筑的施工做战略部署时,需要能具体指导建筑安装活动,涉及面也较窄,其施工组织设计深度就要求深一些。除此之外,施工单位的经验和组织管理水平也可能对内容产生某些影响。比如对某些工程,如施工单位已有较多的施工经验,其组织设计的内容就可简略一些,对于缺乏施工经验的工程对象,其内容就应详尽、具体一些。所以,在确定每个组织设计文件的具体内容和章节时,都必须从实际出发,以适用为主,做到各具特点,且应少而精。

【实践训练】

案例:某中学教师公寓施工组织设计

(一)工程概况

1. 工程特点

本工程为某市某中学教师公寓楼。为六层四单元组成的砖混结构,长 55.44m,宽 14.04m,建筑面积为 5612m²,层高 3m,室内外地坪高差 0.75m。室内±0.00 相对于绝对高程 34.50m,工程总造价 380 万元。其标准单元标准层平面图如图 4-3 所示。

本工程按"初装修"标准考虑,楼地面均为水泥砂浆地面;厨房、厕所为 1.8m 水泥砂浆墙裙,其他内墙及天棚为混合砂浆;外墙面为水刷石;屋面为二布三油防水层,上做 40mm 厚 C20 细石混凝土刚性防水上人屋面。

本工程为六层,七度抗震设防,砖混结构,其基础埋深-3.00m,为钢筋混凝土条形基础;主体结构为 240 砖墙承重,一、二为 M10 混合砂浆砌 MU20 页岩砖,三至六层为 M5.0 混合砂浆砌 MU10.0 机制红砖,层层设置圈梁,内外墙交接处及外墙转角处均设 240mm×240mm 构造柱;除厨房、厕所为现浇板外,其余楼面和屋面均为预应力空心板;现浇钢筋混凝土楼梯;屋面设钢筋混凝土水箱等。

2. 地点特征

本工程属校内建筑,位于教师生活区内,西面、北面均为已建永久性宿舍,东面濒临围墙,南面距本工程 25~40m 为室内活动中心。

本工程地基土为黏土层,地基承载力为 $300kN/m^2$,－3.5m 以上无地下水。

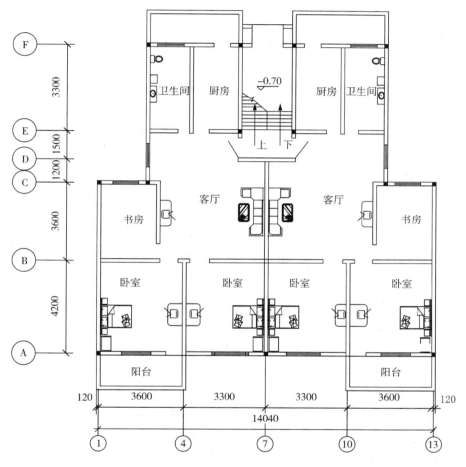

图 4-3　标准单元标准层平面图

3. 施工条件

本工程现场"三通一平"工作已由建设单位完成;施工用水、用电均可从施工现场附近引入;建筑材料、构件均可以从现有校内道路运入;全部预制构件均可在附近预制工厂制作,运距约 15km。其合同工期为 140 天,从 2008 年 3 月 1 日开工,至 2008 年 8 月 17 日竣工。

本地区三月份平均气温约 20℃,以后逐月上升,七、八月份为夏季高温,最高气温约 37℃;四月中旬开始为雨季,施工期内估计有 20 天左右雨天;主导风向为偏北风,最大风力为六级。

(二)施工方案和施工方法

1. 施工方案

(1)施工顺序

本工程为砖混结构,其总体施工顺序是:基础工程→主体结构工程→屋面及室内外装修工程,其中水、电、卫安装工程配合进行。

(2)施工流向

① 基础工程

按两个单元为一段,分东西两段流水,自西向东,如图4-4所示。各施工过程流水节拍为4天。

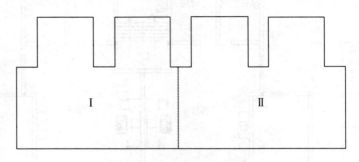

图4-4 施工段的划分

② 主体结构工程

每层按两个单元为一段(如图4-4),六层共12个流水段。每段砌墙流水节拍为5天;现浇混凝土(圈梁、梁、板、柱及楼梯)为3~4天;铺板为1天。

③ 屋面工程

屋面工程不分段,整体施工。

④ 装修工程

装修工程全部采用自上而下逐层施工、根据劳动量计算出延续天数,从而确定每层各装修工程持续时间,门窗安装,每层按2天控制,外墙装修;每层按3天控制,内墙装修,每层按6天控制,擦地面每层按3天控制,玻璃油漆每层按3天控制。

⑤ 水电安装工程

按土建施工进度要求配合施工。

2. 施工方法

(1)基础工程

基础工程包括挖土、浇筑混凝土垫层、浇筑混凝土条形基础、砌砖基础、回填土等五个施工过程。

本工程采用人工挖土,放坡按1:0.75考虑。为节约垫层及钢筋混凝土条形基础支模,减少土方量,其混凝土采用原槽浇捣。砌砖基础时,严格要求立皮数杆控制标高。基槽土方回填采用两边对称回填,土方回填至较设计室外地坪面高出 0.15m 处。多余土方量在开挖时用双轮手推车运至西南面约 150m 低洼处。

（2）主体结构工程

主体结构工程主要包括绑扎构造柱钢筋、砌墙、支模、绑扎圈梁、梁、板钢筋、现浇混凝土、铺楼板等主要工序。其中砌砖墙为主导施工工序，其他工序均按相应工程量分配劳动力，在 5 天内完成，保证瓦工连续施工。

本工程垂直运输采用两台井架运输设备，外墙脚手架采用钢管扣件双排脚手，内墙采用平台式脚手架。砌筑墙体采用"三一"砌法，立皮数杆，严格控制窗台、门窗高度，纵横墙同时砌筑；不能同时砌筑时，一律留斜槎，不准留直槎。现浇混凝土采用钢模板，钢管支撑。

（3）屋面工程

屋面工程包括 1：12 水泥膨胀珍珠岩保温隔热层，1：3 水泥砂浆找平层，二布三油防水层及 40mm 厚 C20 细石混凝土刚性上人屋面。

屋面水箱及女儿墙完成后，在屋面板上做 1：12 水泥膨胀珍珠岩找坡保温隔热层，坡度为 2％，最薄处 40mm 厚。再做 15mm 厚 1：3 水泥砂浆找平层。

待找平层含水率降至 15％以下时，再在上面做二布三油防水层。铺贴时，应沿屋面长度方向铺贴，雨水口等部位先贴附加层。

做 40mm 厚 C20 细石混凝土刚性上人屋面时，注意沿分仓缝处将 $\phi 4$ 钢筋网剪断，分仓缝留成 20mm×40mm 分格线；要求木条泡水预埋，待混凝土初凝后取出，缝内嵌填热沥青油膏。由于做刚性屋面时正值夏季，气温较高，应在细石混凝土浇筑后 8h 内进行屋面灌水养护。

（4）室内外装修工程

室外装修主要包括外墙粉刷、水落管、散水等，室内装修主要包括安装门窗框扇、楼地面、墙面、天棚及刷白、门窗玻璃油漆等。

本工程装修采用两台井架作为垂直运输工具，水平运输采取双轮手推车。由于本方案内外装修均采用自上而下流向施工，考虑抹灰工的劳动力因素，决定组织先内墙抹灰，后外墙抹灰施工，室内先地面后墙面的施工方法。抹灰砂浆从每层单元南面阳台运入，待内墙面抹灰完成后，砌阳台半砖栏板墙，支扶手模板、绑扎钢筋、浇筑混凝土并做外装修。外装修利用砌筑时双排钢管外脚手架，按自上而下的流向施工。

(5)水电安装工程

水电安装工程要求由水电安装队负责，与土建密切配合进行施工。

（三）施工进度计划

施工进度计划如表 4-2、图 4-5 所示。

（四）资源需要量计划

本工程劳动力、施工机具、主要建筑材料需要量计划分别见表 4-3、表 4-4、表 4-5 所示。

表 4-2 某市某中学教师公寓施工进度计划

工程进度(d)

工 期

序号	分部工程	工作名称	工程量单位	工程量数量	时间定额	劳动量	持续天数	每天工作班数	每天工人数
1	基础工程	人工挖地槽	m³	1300	0.30	390	8	8	48
2		混凝土垫层	m³	54	1.3	70	2	1	35
3		钢筋混凝土条基	m³	170	1.6	272	8	1	34
4		砌砖基	m³	250	1.26	315	8	1	39
5		基坑回填	m³	550	0.22	121	8	1	15
6	主体工程	砌砖墙	m³	1650	1.70	2805	60	1	47
7		现浇梁板柱楼梯	m³	638	4.56	2910	48	1	60
8		铺楼板	m³	198	2.00	396	12	1	33
9	层面工程	保温隔热层	m³	86	0.93	80	3	1	27
10		找平层	m²	690	0.11	76	3	1	25
11		二布三油防水层	m²	825	0.08	66	3	1	22
12		找平层	m²	690	0.11	76	3	1	25
13		细石砼刚性层	m²	690	0.17	117	3	1	39
14	装修工程	门窗安装	m²	1725	0.10	173	12	1	14
15		外墙装修	m²	2850	0.28	798	18	1	44
16		内墙装修	m²	15750	0.18	2835	36	1	78
17		楼地面	m²	3600	0.16	576	18	1	32
18		玻璃油漆					36	1	
19		室外散水等					6		
20	水电								
21	竣工						1		

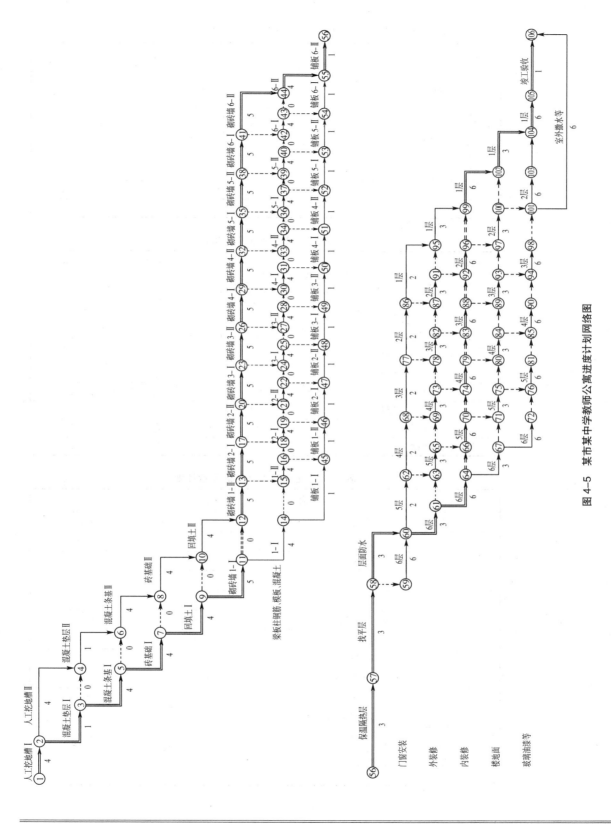

图 4-5 某市某中学教师公寓进度计划网络图

表 4-3 劳动力需要量计划

项次	工种	所需工日	各月所需工日数				
			三月	四月	五月	六月	七月
1	普工	390	390				
2	木工	1658	280	988	390		
3	钢筋工	324	78	192	54		
4	混凝土工	1007	243	597	167		
5	瓦工	2800	611	1880	309		
6	抹灰工	7136			3238	2624	1274
7	架子工	196	32	87	42	21	16

表 4-4 施工机械需要量计划

项次	机械名称	规格	单位	数量
1	卷扬机	JJM3	台	2
2	混凝土搅拌机	JG250	台	1
3	砂浆搅拌机	BJ—200	台	1
4	打夯机	HW—01	台	1
5	平板振动器	PZ—50	台	1
6	插入式振动器	HZ6—70	台	2
7	钢筋切断机	GJ5—40	台	1
8	钢筋成型机	GJ7—45	台	1
9	电焊机	BX1—330	台	1
10	圆锯	MJ109	台	1

表 4-5 主要建筑材料需要量计划

项次	材料名称	单位	数量
1	水泥	t	987
2	沙子	m³	1986
3	石子	m³	996
4	钢筋	t	98
5	木材	m³	205
6	页岩砖	千块	283
7	红砖	千块	843
8	石灰膏	m³	107
9	珍珠岩	m³	98
10	石油沥青	t	5.10
11	建筑油膏	t	2.56
12	平板玻璃	m³	890
13	白水泥	t	2.70
14	白矾石	t	76

(五)施工平面图

本工程施工平面图如图 4-6 所示。

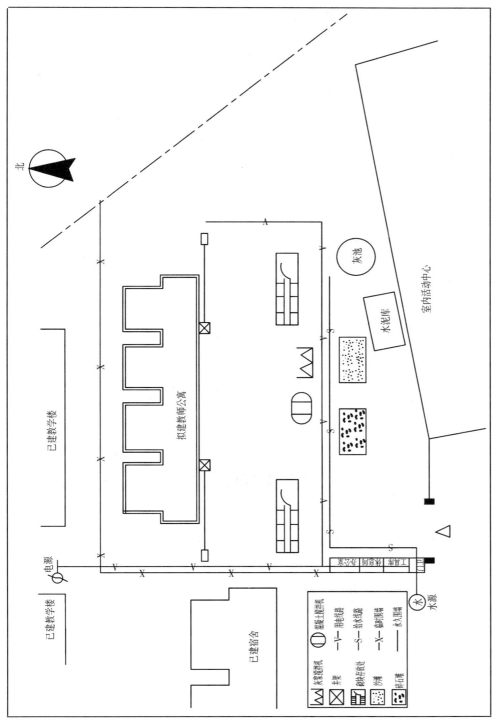

图 4-6 施工现场平面布置图

(六)质量和安全措施

1. 质量措施

(1)施工前,认真做好技术交底。各分项工程均应严格执行施工及验收规范。

(2)严格执行各项质量检验制度。施工时,在各施工班组自检、互检、交接检查的基础上,分层分段验收评定质量等级,及时办理各种隐蔽工程验收手续。

(3)严格执行原材料检验及试配制度。所有进场材料、构件、成品及半成品应有合格证,并作必要的抽检、试配。

(4)砖砌体采用"三一"砌墙法,施工时严格按操作方法和要求进行,必要时派专人指导。

(5)做好成品的保护工作。

(6)实行全面质量管理,开展 QC 小组活动,专业工作严格执行持证上岗制度。

2. 安全及文明施工措施

(1)指派生产任务的同时必须做必要的安全交底。各工种操作人员必须严格执行安全操作规程。

(2)高空作业时,外脚手架应设安全网,进入施工现场必须戴安全帽。

(3)现场用电设备应安装漏电保护设施,加强管理及检查工作。

(4)机械设备要有专职人员管理及操作。

(5)工作应设置专职安全检查员。

(6)配合校方做好现场文明施工。本工程位于教师生活区,必须做好施工场地内外环境卫生及噪声污染工作。主要道路派专人清扫,夜间施工不宜超过22时。

本章思考与实训

1. 施工组织设计的意义?

2. 单位工程施工组织设计的基本内容有哪些?

3. 制定和选择施工方案的基本要求是什么?

4. 编制施工组织设计的基本原则是什么?

5. 简述多层砖混民用住宅楼的施工特点及施工阶段的划分。

6. 单位工程施工进度计划的作用?

7. 请简单说出一个工程施工组织设计包括的几项内容。

第五章 工程进度计划实施中的比较与调整

【内容要点】

1. 横道图比较法；
2. S 曲线比较法；
3. 香蕉曲线比较法；
4. 前锋线比较法；
5. 列表比较法；
6. 进度计划执行过程中的监测系统和监测手段；
7. 进度计划的调整系统和调整方法。

【知识链接】

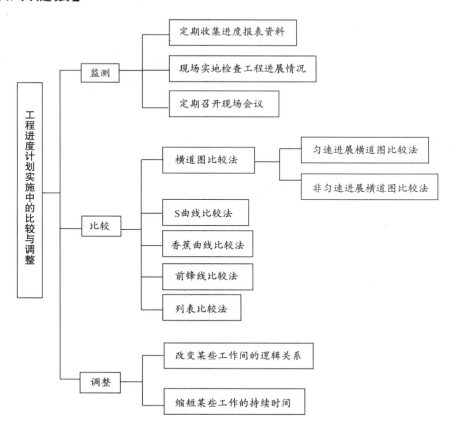

第一节 横道图比较法

横道图比较法是指将项目实施过程中检查实际进度收集到的数据,经加工整理后直接用横道线平行绘于原计划的横道线处,进行实际进度与计划进度的比较方法。采用横道图比较法,可以形象、直观地反映实际进度与计划进度的比较情况。

[想一想]
横道图比较法是如何将实际进度与计划进度进行比较的?

例如某工程项目基础工程的计划进度和截止到第 8 周末的实际进度如图 5-1 所示,其中双线条表示该工程计划进度,粗实线表示实际进度。从图中实际进度与计划进度的比较可以看出,到第 8 周末进行实际进度检查时,挖土方和做垫层两项工作已经完成;支模板按计划应该完成 75%,但实际只完成 50%,任务量拖欠 25%;绑扎钢筋按计划应该完成 40%,而实际只完成 20%,任务量拖欠 20%。

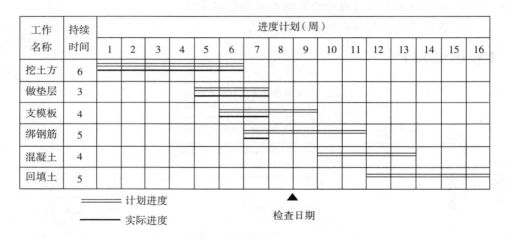

图 5-1 某基础工程实际进度与计划进度的比较图

根据各项工作的进度偏差,进度控制者可以采取相应的纠偏措施对进度计划进行调整,以确保该工程按期完成。

图 5-1 所表达的比较方法仅适用于工程项目中的各项工作都是均匀进展的情况,即每项工作在单位时间内完成的任务量都相等的情况。事实上,工程项目中各项工作的进展不一定是匀速的。根据工程项目中各项工作的进展是否匀速,可分别采用以下两种方法进行实际进度与计划进度的比较。

一、匀速进展横道图比较法

匀速进展是指在工程项目中,每项工作在单位时间内完成的任务量都是相等的,即工作的进展速度是均匀的。此时,每项工作累计完成的任务量与时间呈线性关系,如图 5-2 所示。

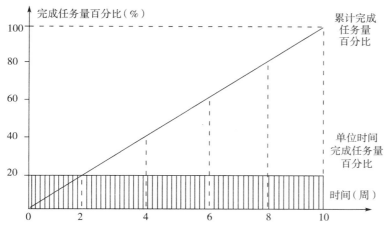

图5-2 工作匀速进展时其任务量与时间关系曲线

完成的任务量可以用实物工程量、劳动消耗量或费用支出表示。为了便于比较,通常用上述物理量的百分比表示。

采用匀速进展横道图比较法时,其步骤如下:

1. 编制横道图进度计划;

2. 在进度计划上标出检查日期;

[想一想]

实际进度的横道线右端点落在检查日期的左侧,实际进度是超前还是落后?

3. 将检查收集到的实际进度数据经加工整理后按比例用涂黑的粗线标于计划进度的下方,如图5-3所示;

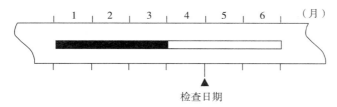

图5-3 匀速进展横道图比较法

4. 对比分析实际进度与计划进度:

(1)如果涂黑的粗线右端落在检查日期左侧,表明实际进度拖后;

(2)如果涂黑的粗线右端落在检查日期右侧,表明实际进度超前;

[问一问]

非匀速进展的工程,用此方法会带来什么后果?

(3)如果涂黑的粗线右端与检查日期重合,表明实际进度与计划进度一致。

必须指出,该方法仅适用于工作从开始到结束的整个过程中,其进展速度均为固定不变的情况。如果工作的进展速度是变化的,则不能采用这种方法进行实际进度与计划进度的比较;否则,会得出错误的结论。

二、非匀速进展横道图比较法

当工作在不同单位时间里的进展速度不相等时,累计完成的任务量与时间的关系就不可能是线性关系。此时,应采用非匀速进展横道图比较法进行工作实际进度与计划进度的比较。

非匀速进展横道图比较法有双比例单侧横道图比较法和双比例双侧横道图比较法两种方法,但双比例双侧横道图比较法绘制和识别都较复杂,故本书所讲的非匀速进展横道图比较法指的只是双比例单侧横道图比较法,即在用涂黑粗线表示工作实际进度的同时,还要标出其对应时刻完成任务量的累计百分比,并将该百分比与其同时刻计划完成任务量的累计百分比相比较,判断工作实际进度与计划进度之间的关系。

采用非匀速进展横道图比较法时,其步骤如下:

1. 编制横道图进度计划;

2. 在横道线上方标出各主要时间工作的计划完成任务量累计百分比;

3. 在横道线下方标出相应时间工作的实际完成任务量累计百分比;

4. 用涂黑粗线标出工作的实际进度,从开始之日标起,同时反映出该工作在实施过程中的连续与间断情况;

5. 通过比较同一时刻实际完成任务量累计百分比和计划完成任务量累计百分比,判断工作实际进度与计划进度之间的关系:

(1)如果同一时刻横道线上方累计百分比大于横道线下方累计百分比,表明实际进度拖后,拖欠的任务量为二者之差;

(2)如果同一时刻横道线上方累计百分比小于横道线下方累计百分比,表明实际进度超前,超前的任务量为二者之差;

(3)如果同一时刻横道线上下方两个累计百分比相等,表明实际进度与计划进度一致。

这种比较法,不仅适合于施工速度是变化情况下的进度比较,同时除找出检查日期进度比较情况外还能提供某一指定时间段实际进度与计划进度比较情况的信息。当然这就必须要求实施部门按规定的时间记录当时的完成情况。

值得指出:由于工作的施工速度是变化的,因此横道图中进度横线,不管计划的还是实际的,都只表示工作的开始时间、持续天数和完成时间,并不表示计划完成量和实际完成量,这两个量分别通过标注在横道线上方及下方的累计百分比数量表示。实际进度的涂黑粗线是从实际工程的开始日期画起,若工作实际施工间断,亦可在图中将涂黑粗线作相应的空白。

横道图比较法虽有记录和比较简单、形象直观、易于掌握、使用方便等优点,但由于其以横道计划为基础,因而带有局限性。由于工作进展速度是变化的,因此,在图中的横道线,无论是计划的还是实际的,只能表示工作的开始时间、完成时间和持续时间,并不表示计划完成的任务量和实际完成的任务量。横道计划不能够明确地反映各项工作之间的逻辑关系,关键工作和关键线路无法确定,一旦某些工作实际进度出现偏差时,难以预测其对后续工作和工程总工期的影响,也就难以确定相应的进度计划调整方法。因此,横道图比较法也不能用来确定关键工作和关键线路,这种方法主要用于工程项目中某些工作实际进度与计划进度的局部比较。

[问一问]
横道图比较法的局限性是什么?

[做一做]
列表比较匀速进展与非匀速进展横道图比较法的区别。

课目一:匀速进展横道图比较法

(一)背景资料

某工程的基坑按施工进度计划安排,需要 10 天时间完成,每天工作进度相同,在第 6 天检查时,工程实际完成 55%。

(二)问题

试对此工程进行横道图比较。

(三)分析与解答

1. 编制横道图进度计划,如图 5-4 所示;

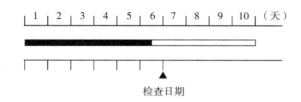

检查日期

图 5-4 本工程匀速进展横道图

2. 在进度计划上标出检查日期;

3. 将前 6 天实际进度按比例用涂黑的粗线标于计划进度的下方,如图 5-4 所示;

4. 对比分析实际进度与计划进度:涂黑的粗线右端落在检查日期左侧,实际进度拖后。

课目二:非匀速进展横道图比较法

(一)背景资料

某工程的绑扎钢筋工程按施工计划安排需要 9 天完成,工程每天计划完成任务的累计百分比分别为 5%、10%、20%、35%、50%、65%、80%、90%、100%,第 4 天检查情况是:工作 1 天、2 天、3 天末和检查日期的实际完成任务的百分比,分别为:6%、12%、22%、40%。

(二)问题

试对此工程进行横道图比较。

(三)分析与解答

1. 编制横道图进度计划,如图 5-5 所示;

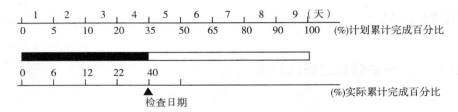

图 5-5 某钢筋绑扎工程非匀速进展横道图比较图

2. 在横道线上方标出钢筋工程每天计划完成任务的累计百分比分别为 5%、10%、20%、35%、50%、65%、80%、90%、100%；

3. 在横道线的下方标出工作 1 天、2 天、3 天末和检查日期的实际完成任务的百分比，分别为:6%、12%、22%、40%。

4. 用涂黑粗线标出实际进度线。

5. 比较实际进度与计划进度的偏差,从图中可以看出,该工作在第一天实际进度比计划进度提前 1%,第 2 天实际进度比计划进度提前 2%,第 3 天实际进度比计划进度提前 2%,第 4 天实际进度比计划进度提前 5%。

课目三:非匀速进展横道图比较法

(一)背景资料

某工作第 4 周之后的计划进度与实际进度如图 5-6 所示:

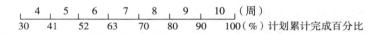

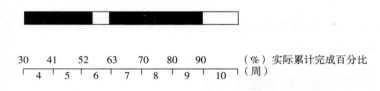

图 5-6 某工作的实际进度与计划进度比较图

(二)问题

从图中可获得哪些正确的信息?

(三)分析与解答

分析此图可得到如下信息:

1. 原计划第 4 周至第 6 周为匀速进展;

2. 原计划第 8 周至第 10 周为匀速进展;

3. 实际第 6 周后半周末进行本工作;

4. 第 9 周末实际进度与计划进度相同。

第二节 S曲线比较法

S曲线比较法是以横坐标表示时间,纵坐标表示累计完成任务量,绘制一条按计划时间累计完成任务量的S曲线;然后将工程项目实施过程中各检查时间实际累计完成任务量的S曲线也绘制在同一坐标系中,进行实际进度与计划进度比较的一种方法。

从整个工程项目实际进展全过程看,单位时间投入的资源量一般是开始和结束时较少,中间阶段较多。与其相对应,单位时间完成的任务量也呈同样的变化规律。而随工程进展累计完成的任务量则应呈S形变化。由于其形似英文字母"S",S曲线因此而得名。

一、S曲线的绘制

S曲线的绘制步骤如下:

1. 确定单位时间计划完成任务量;
2. 计算不同时间累计完成任务量;
3. 根据累计完成任务量绘制S曲线。

二、实际进度与计划进度比较

同横道图比较法一样,S曲线比较法也是在图上进行工程项目实际进度与计划进度的直观比较。在工程项目实施过程中,按照规定时间将检查收集到的实际累计完成任务量绘制在原计划S曲线图上,即可得到实际进度S曲线,如图5-7所示。

[问一问]
可以从S曲线图中获得哪些信息?

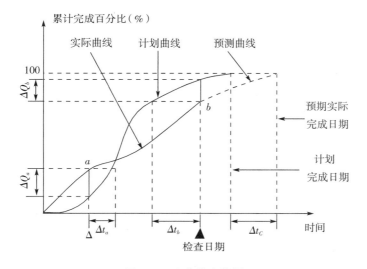

图5-7 S曲线比较图

通过比较实际进度S曲线和计划进度S曲线,可以获得如下信息:

1. 工程项目实际进展状况

如果工程实际进展点落在计划 S 曲线左侧,表明此时实际进度比计划进度超前,如图 5-7 中的 a 点;如果工程实际进展点落在 S 计划曲线右侧,表明此时实际进度拖后,如图 5-7 中的 b 点;如果工程实际进展点正好落在计划 S 曲线上,则表示此时实际进度与计划进度一致。

2. 工程项目实际进度超前或拖后的时间

在 S 曲线比较图中可以直接读出实际进度比计划进度超前或拖后的时间。如图 5-7 所示,Δt_a 表示 T_a 时刻实际进度超前的时间;Δt_b 表示 T_b 时刻实际进度拖后的时间。

[想一想]

　　S 曲线和横道路图比较法相比,有哪些优缺点?

3. 工程项目实际超额或拖欠的任务量

在 S 曲线比较图中也可直接读出实际进度比计划进度超额或拖欠的任务量。如图 5-7 所示,ΔQ_a 表示 T_a 时刻超额完成的任务量,ΔQ_b 表示 T_b 时刻拖欠的任务量。

4. 后期工程进度预测

如果后期工程按原计划速度进行,则可做出后期工程计划 S 曲线如图 5-7 中虚线所示,从而可以确定工期拖延预测值 Δt_c。

【实践训练】

课目一:S 曲线的绘制

(一)背景资料

某土方工程总的开挖量为 2 000 m³,按照施工方案,计划 8 天完成,每天计划完成的土方开挖量如图 5-8 所示。

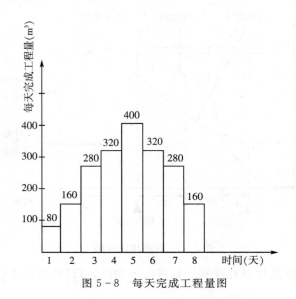

图 5-8　每天完成工程量图

(二)问题

绘制该土方工程的计划 S 曲线。

(三)分析与解答

1. 确定单位时间计划完成任务量

将每天计划完成的土方开挖量列于表 5-1 中；

2. 计算不同时间累计完成任务量

依次计算每天累计完成的工程量,结果列于表 5-1 中；

表 5-1 完成工程量汇总表

时间(天)	1	2	3	4	5	6	7	8
每天完成量(m^3)	80	160	280	320	400	320	280	160
累计完成量(m^3)	80	240	520	840	1 240	1 560	1 840	2 000

3. 根据累计完成任务量绘制 S 曲线

根据每天计划累计完成的土方开挖量绘制 S 曲线,如图 5-9 所示。

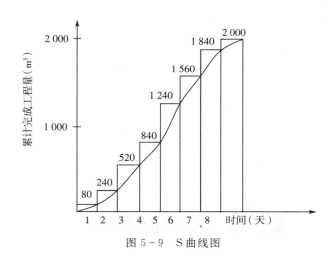

图 5-9　S 曲线图

课目二:S 曲线法比较实际进度与计划进度

(一)背景资料

某土方工程的总开挖量为 10 000m^3,要求在 10 天内完成,不同时间计划土方开挖量和实际完成任务情况如表 5-2 所示。

表 5-2　土方开挖量 　　　　(单位:m^3)

时间/天	1	2	3	4	5	6	7	8	9	10
计划完成量	200	600	1 000	1 400	1 800	1 800	1 400	1 000	600	200
实际完成量	800	600	600	700	800	1 000				

(二)问题

试应用S形曲线对第2天和第6天的工程实际进度与计划进度进行比较分析。

(三)分析与解答

1. 绘制出的计划和实际累计完成工程量S形曲线如图5-10所示。

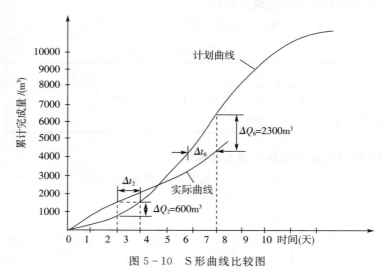

图5-10 S形曲线比较图

2. 由S形曲线图可知:在第2天检查时实际完成工程量与计划完成工程量的偏差$\Delta Q_2 = 600\text{m}^3$,即实际超计划完成$600\text{m}^3$。在时间进度上提前$\Delta t_2 = 1$天完成相应工程量。

3. 在第6天检查时,实际完成工程量与计划完成工程量的偏差$\Delta Q_6 = -2\,300\text{m}^3$,即实际比计划完成量少$2\,300\text{m}^3$。

第三节 香蕉曲线比较法

香蕉曲线是由两条S曲线组合而成的闭合曲线。由S曲线比较法可知,工程项目累计完成的任务量与计划时间的关系,可以用一条S曲线表示。对于一个工程项目的网络计划来说,如果以其中各项工作的最早开始时间安排进度而绘制成的S曲线称为ES曲线,如果以其中各项工作的最迟开始时间安排进度而绘制成的S曲线称为LS曲线。两条S曲线具有相同的起点和终点,因此两条曲线是闭合的。在一般情况下,ES曲线上的各点均落在LS曲线相应点的左侧,由于形似"香蕉",故称为香蕉曲线,如图5-11所示。

[问一问]

香蕉曲线是如何形成的?

一、香蕉曲线的绘制

香蕉曲线的绘制方法与S曲线的绘制方法基本相同,所不同的是香蕉曲线是按工作最早开始时间和最迟开始时间分别安排进度分别绘制成的两条 S 曲线组合而成的。其绘制步骤如下：

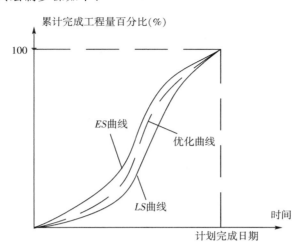

图 5-11　香蕉曲线比较图

1. 以工程项目的网络计划为基础，分别绘制出各项工作按最早开始时间安排进度的时标网络图和按最迟开始时间安排进度的时标网络图；

2. 分别计算各项工作的最早开始时间和最迟开始时间；

3. 计算项目总任务量，即对所有工作在各单位时间计划完成的任务量累加求和；

4. 根据各项工作按最早开始时间安排的进度计划，确定各项工作在各单位时间的计划完成任务量，即将各项工作在某一单位时间计划完成的任务量累加求和，再确定不同的时间累计完成的任务量或任务量的百分比；

5. 根据各项工作按最迟开始时间安排的进度计划，确定各项工作在各单位时间的计划完成任务量，即将各项工作在某一单位时间计划完成的任务量累加求和，再确定不同的时间累计完成的任务量或任务量的百分比；

6. 绘制香蕉曲线。分别根据各项工作按最早开始时间、最迟开始时间安排的进度计划而确定的累计完成任务量或任务量的百分比描绘各点，并连接各点得到 ES 曲线和 LS 曲线，由 ES 曲线和 LS 曲线组成香蕉曲线。

二、香蕉曲线的作用

在工程项目实施过程中，根据检查得到的实际累计完成任务量，按同样的方法在原计划香蕉曲线上绘出实际进度曲线，便可以进行实际进度与计划进度的比较了。

在项目的实施中，进度控制的理想状态是任意时刻按实际进度描绘的点都应该落在香蕉型曲线的闭合区域内。利用香蕉曲线不但可以进行计划进度的合理安排，实际进度与计划进度的比较，还可以对后期工程进行预测。其主要作用有：

［想一想］
香蕉曲线是如何绘制的？

［问一问］
绘制香蕉曲线这么复杂，为什么还要绘制香蕉曲线？

1. 合理安排工程项目进度计划

如果工程项目中的各项工作均按最早开始时间安排进度,将导致项目的投资加大;而如果各项工作都按最迟开始时间安排进度,则一旦工程进度受到影响因素的干扰,就将导致工期延期,使工程进度风险加大。因此,一个科学合理的进度计划优化曲线应处于香蕉曲线所包括的区域内,如图 5-11 中的中间那条曲线。

2. 定期比较工程项目的实际进度与计划进度

在工程项目的实施过程中,根据每次检查收集到的实际完成任务量,绘制出实际进度 S 曲线,便可以与计划进度进行比较。工程项目实际进度的理想状态是任一时刻工程实际进展点应落在香蕉曲线的范围之内,如果工程实际进展点落在 ES 曲线的左侧,表明此刻实际进度比各项工作按最早开始时间安排的计划进度超前;如果工程 LS 曲线的右侧,则表明此刻实际进度比各项工作按最迟开始时间安排的计划进度落后。

3. 预测后期工程进展趋势

利用香蕉曲线可以对后期工程的进展情况进行预测。如在图 5-12 中,该工程项目在检查日实际进度超前,检查日期之后的后期工程进度安排如图中虚线所示,预计该工程项目提前完成。

[做一做]

列表比较香蕉曲线与 S 曲线的异同,各有哪些优缺点。

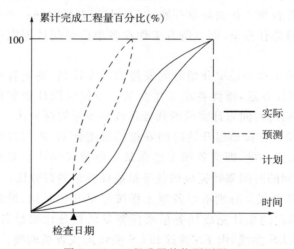

图 5-12 工程进展趋势预测图

【实践训练】

课目一:香蕉曲线的绘制

(一)背景资料

已知某施工项目网络如图 5-13 所示,图中箭线上方括号内的数字表示各项工作计划完成的任务量,以劳动消耗量表示,箭线下方的数字表示各项工作的持续时间。

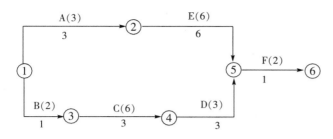

图 5-13   本工程项目网络计划图

(二)问题

试绘制此工程的香蕉曲线。

(三)分析与解答

1. 以网络图为基础,计算各工作的最早开始时间和最迟开始时间,见表 5-3 所示。

表 5-3   各工作的有关时间参数

序号	工作编号	工作名称	D_{i-j}(天)	ES_{i-j}	LS_{i-j}
1	1-2	A	3	0	0
2	1-3	B	1	0	2
3	3-4	C	3	1	3
4	4-5	D	3	4	6
5	2-5	E	6	3	3
6	5-6	F	1	9	9

2. 假设各工作匀速进行,即各工作每天的劳动消耗量相同,确定每项工作每天的劳动消耗量。

工作 A:3÷3=1　　工作 B:2÷1=2　　工作 C:6÷3=2
工作 D:3÷3=1　　工作 E:6÷6=1　　工作 F:2÷1=2

(1)计算工程项目劳动消耗总量 Q:

$$Q=3+2+6+6+3+2=22$$

(2)根据各项工作按最早开始时间安排的进度计划,确定工程项目每天的计划劳动消耗量和累计劳动消耗量,如图 5-14 所示。

根据各项工作按最迟开始时间安排的进度计划,确定工程项目每天的计划劳动消耗量和累计劳动消耗量,如图 5-15 所示。

3. 根据不同的累计劳动消耗量分别绘制 ES 曲线和 LS 曲线,便得到香蕉曲线,如图 5-16 所示。

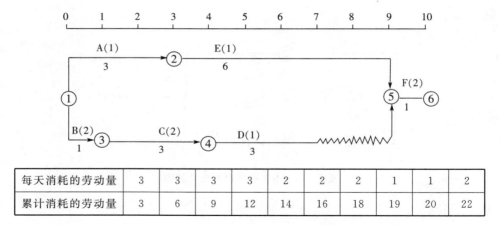

每天消耗的劳动量	3	3	3	3	2	2	2	1	1	2
累计消耗的劳动量	3	6	9	12	14	16	18	19	20	22

图 5-14 按各工作最早开始时间安排的进度计划及劳动消耗量

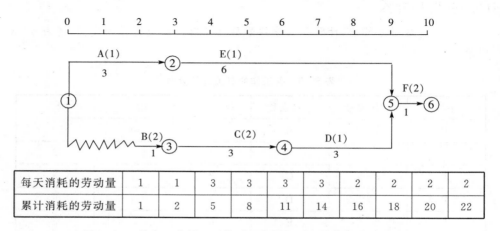

每天消耗的劳动量	1	1	3	3	3	3	2	2	2	2
累计消耗的劳动量	1	2	5	8	11	14	16	18	20	22

图 5-15 按各工作最迟开始时间安排的进度计划及劳动消耗量

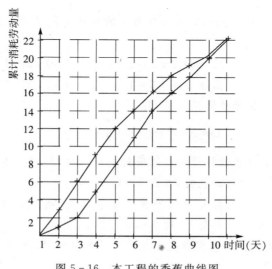

图 5-16 本工程的香蕉曲线图

课目二：综合案例

(一)背景资料

施工单位安排某工程的基坑挖土工作为：用两台正向铲挖土机挖土，并配备相应的汽车配套运土。挖土工程量共 12 000m³。挖土速度平均每天 300m³，工期 40 天。监理工程师确认了施工单位的这一土方工程计划，并据此绘制了土方工程量累计曲线，见图 5-17。

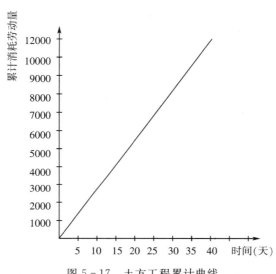

图 5-17　土方工程累计曲线

从挖土工作开工起，现场监理员根据施工日报，每 5 天汇总一次实际完成的土方量，前半个月的统计数据如表 5-4 所示。

表 5-4　实际完成的土方量

时间	1~5 日	6~10 日	11~15 日
实际完成土方量(m³)	1 000	1 200	1 100

(二)问题

1. 图 5-17 是否属于 S 形曲线？它有什么用途？
2. 如果图 5-17 的纵坐标不用实物量表示，还有什么表示方法？
3. 根据统计资料表，这 15 天的挖土进度偏差(与挖土平均速度比)有多少天？
4. 该挖土工程的实际进度与计划进度的比较是否也可以用香蕉曲线比较法？为什么？

(三)分析与解答

1. 该图属于 S 形曲线。因为是按挖土平均速度绘制的，故工程量与时间成正比，形成线性关系，此为特例。S 形曲线可用于跟踪工程项目的实际进度，进行实际进度值与计划进度目标值的对比。

2. 该图的纵坐标还可以工程量累计完成百分比表示来表示。

3. 前 15 天累计完成土方量为 3 300m³，计划应完成 4 500m³，进度偏差为 1 200m³，故这 15 天挖土进度偏差为拖延 4 天。

4. 该挖土工程项目不能画出香蕉曲线。因为该工程处于土方开挖阶段，且仅控制此一项施工，网络图上只有一项工作，没有最早开始时间与最迟开始时间之分，故画不出香蕉形曲线。

第四节　前锋线比较法

一、前锋线比较法的概念

前锋线比较法是通过绘制某检查时刻工程项目实际进度前锋线，进行工程实际进度与计划进度比较的方法，它主要适用于时标网络计划。所谓前锋线，是指在原时标网络计划上，从检查时刻的时标点出发，用点划线依此将各项工作实际进展位置点连接而成的折线。前锋线比较法就是通过实际进度前锋线与原进度计划中各工作箭线交点的位置来判断工作实际进度与计划进度的偏差，进而判定该偏差对后续工作及总工期影响程度的一种方法。

[想一想]
　　前锋线法与 S 曲线、横道图比较法有何不同？

二、前锋线比较法的步骤

采用前锋线比较法进行实际进度与计划进度的比较，其步骤如下：

1. 绘制时标网络计划图

工程项目实际进度前锋线是在时标网络计划图上标示，为清楚起见，可在时标网络计划图的上方和下方各设一时间坐标。

2. 绘制实际进度前锋线

一般从时标网络计划图上方时间坐标的检查日期开始绘制，依次连接相邻工作的实际进展位置点，最后与时标网络计划图下方坐标的检查日期相连接。

工作实际进展位置点的标定方法有两种：

(1) 按该工作已完成任务量比例进行标定

假设工程项目中各项工作均为匀速进展，根据实际检查时刻该工作已完成任务量占计划完成任务量的比例，在工作箭线上从左至右按相同的比例标定其实际进展位置点。

(2) 按尚需作业时间进行标定

当某些工作的持续时间难以按实物工程量来计算而只能凭经验估算时，可以先估算出检查时刻到该工作全部完成尚需作业的时间，然后在该工作箭线上从左至右逆向标定其实际进展位置点。

3. 进行实际进度与计划进度的比较

前锋线可以直观地反映出检查日期有关工作实际进度与计划进度之间的关

系。对某项工作来说,其实际进度与计划进度之间的关系可能存在以下三种情况:

(1)工作实际进展位置点落在检查日期的左侧,表明该工作实际进度拖后,拖后的时间为二者之差;

(2)工作实际进展位置点与检查日期重合,表明该工作实际进度与计划进度一致;

(3)工作实际进展位置点落在检查日期的右侧,表明该工作实际进度超前,超前的时间为二者之差。

4. 预测进度偏差对后续工作及总工期的影响

通过实际进度与计划进度的比较确定进度偏差后,还可根据工作的自由时差和总时差预测该进度偏差对后续工作及项目总工期的影响。由此可见,前锋线比较法既适用于工作实际进度与计划进度之间的局部比较,又可用来分析和预测工程项目整体进度状况。

值得注意的是,以上比较是针对匀速进展的工作。对于非匀速进展的工作,比较方法较复杂,此处不赘述。

[想一想]

为什么在工程实践中,前锋线法应用较为广泛?

【实践训练】————————————————————

课目一:前锋线法比较实际进度与计划进度

(一)背景资料

已知某工程双代号网络计划如图 5-18 所示,该项任务要求工期为 14 天。第 5 天末检查发现:A 工作已完成 3 天工作量,B 工作已完成 1 天工作量,C 工作已全部完成,E 工作已完成 2 天工作量,D 工作已全部完成,G 工作已完成 1 天工作量,H 工作尚未开始,其他工作均未开始。

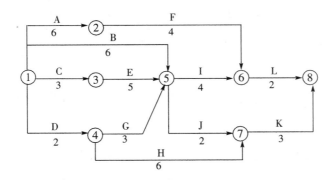

图 5-18 某工程双代号网络图

(二)问题

试应用前锋线比较法分析工程实际进度与计划进度。

(三)分析与解答

1. 绘制前锋线比较图

将题示的网络进度计划图绘成时标网络图,如图5-19所示。再根据题示的有关工作的实际进度,在该时标网络图上绘出实际进度前锋线。

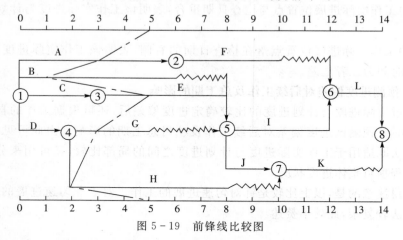

图5-19 前锋线比较图

2. 实际进度与计划进度比较及预测

由图可见,工作A进度偏差2天,不影响工期;工作B进度偏差4天,影响工期2天;工作E无进度偏差,正常;工作G进度偏差2天,不影响工期;工作H进度偏差3天,不影响工期。

课目二:前锋线比较法的应用

(一)背景资料

某分部工程双代号时标网络计划执行到第2周末及第8周末时,检查实际进度后绘制的前锋线如图5-20所示。

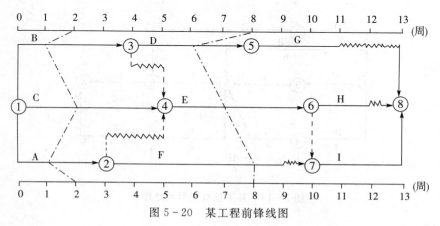

图5-20 某工程前锋线图

(二)问题

从图中可获得哪些信息?

（三）分析与解答

1. 第 2 周末检查时，A 工作拖后 1 周，F 工作变为关键工作。
2. 第 2 周末检查时，B 工作拖后 1 周，但不影响工期。
3. 第 2 周末检查时，C 工作正常。
4. 第 8 周末检查时，D 工作拖后 2 周，但不影响工期。
5. 第 8 周末检查时，E 工作拖后 1 周，并影响工期 1 周。

第五节　列表比较法

一、列表比较法的概念

当采用无时间坐标网络计划时也可以采用列表比较法。

列表比较法是通过将某一检查日期某项工作的尚有总时差与原有总时差的计算结果列于表格之中进行比较，以判断工程实际与计划进度相比超前或滞后情况的方法。即是记录检查时正在进行的工作名称和已进行的天数，然后列表计算有关参数，根据原有总时差和尚有总时差判断实际进度与计划进度的比较方法。

二、列表比较法的步骤

1. 计算检查时正在进行的工作；
2. 计算工作最迟完成时间；
3. 计算工作总时差和尚有总时差；
4. 填表分析工作实际进度与计划进度的偏差。

具体结论可归纳如下：

（1）若工作尚有总时差大于原总时差，说明实际进度超前，且为两者之差；

（2）若工作尚有总时差等于原总时差，说明实际进度与计划一致；

（3）若工作尚有总时差小于原总时差但仍为非负值，说明实际进度落后，但计划工期不受影响，此时滞后的天数为两者之差；

（4）若工作尚有总时差小于原总时差但为负值，说明实际进度落后且计划工期已受影响，此时滞后的天数为两者之差，而计划工期的延迟天数与工作尚有总时差绝对值相等，此时应当调整计划。

【实践训练】————————————————————

课目一：列表比较法比较工程进度

（一）背景资料

某工程进度计划如图 5—21 所示，第 5 天末检查发现：A 工作已完成 3 天工作量,B 工作已完成 1 天工作量,C 工作已全部完成,E 工作已完成 2 天工作量,D 工作已全部完成,G 工作已完成 1 天工作量,H 工作尚未开始,其他工作均未开始。

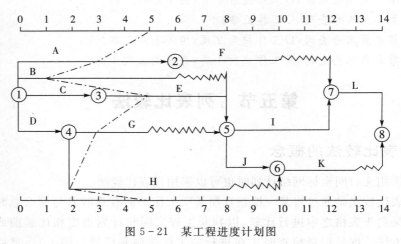

图 5-21 某工程进度计划图

(二)问题

试应用列表比较法分析工程实际进度与计划进度。

(三)分析与解答

应用列表比较法,检查分析结果如表 5-5 所示。

表 5-5 列表比较法分析检查结果表

工作名称	检查计划时尚需作业天数	到计划最迟完成时尚余天数	原有总时差	尚有总时差	情况判断	
					影响工期	影响紧后工作最早开始时间
A	6-3=3	8-5=3	2	3-3=0	否	影响 F 工作 2 天
B	6-1=5	8-5=3	2	3-5=-2	影响工期 2 天	影响 I、J 工作各 2 天
E	5-2=3	8-5=3	0	3-3=0	否	否
G	3-1=2	8-5=3	3	3-2=1	否	否
H	6-0=6	11-5=6	3	6-6=0	否	影响 K 工作 1 天

第六节　实际进度监测与调整方法

调整网络计划的依据信息在施工项目实施过程中,往往由于某些因素的干扰,造成实际进度与计划进度不能始终保持一致。这恰如常言:进度计划不变只是相对的,变化是绝对的。因此,为保证按期实现进度目标,在项目实施过程中,就需要不断对实际进度进行监测,将其进展情况与计划进度比较。

一、建设工程进度监测的系统过程

在工程实施过程中,监理工程师应根据进度监测的系统过程(如图5-22)经常地、定期地对进度计划的执行情况进行跟踪检查,发现问题后及时采取措施加以解决。

[想一想]
　为什么要对工程进度进行监测?

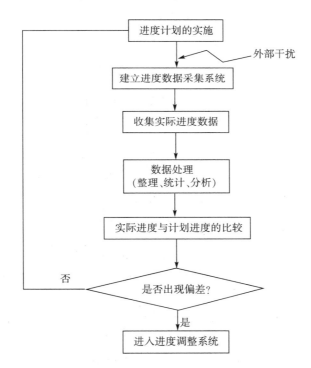

图5-22　建设工程进度监测系统过程

二、进度监测手段

为了全面、准确地掌握进度计划的执行情况,监理工程师应认真做好以下三方面的工作。

1. 定期收集进度报表资料

进度报表是反映工程实际进度的主要方式之一。进度计划执行单位应按照

[想一想]
　监理工程师如何掌握建设工程实际进展状态?

进度监理制度规定的时间和报表内容,定期填写进度报表。监理工程师通过收集进度报表资料掌握工程实际进展情况。

2. 现场实地检查工程进展情况

派监理人员常驻现场,随时检查进度计划的实际执行情况,这样可以加强进度监测工作,掌握工程实际进度的第一手资料,使获取的数据更加及时、准确。

3. 定期召开现场会议

定期召开现场会议,监理工程师通过与进度计划执行单位的有关人员面对面的交谈,既可以了解工程实际进度状况,同时也可以协调有关方面的进度关系。

三、进度调整的系统过程

在建设工程实施过程中,进度调整的系统过程如图5-23所示。

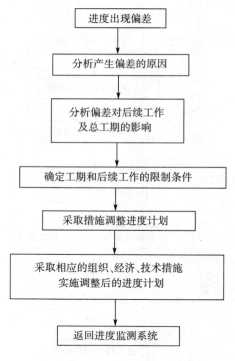

图5-23 建设工程调整系统过程

[想一想]
出现偏差的原因有哪些方面?

四、产生偏差的原因分析

1. 计划欠周密;

2. 工程实施条件发生变化;

3. 管理工作失误,包括:

(1)计划部门与执行部门缺少信息沟通,从而导致进度失控;

(2)施工承包企业进度控制水平较差;

（3）对参建各方协调不力，使计划实施脱节；

（4）对项目资源供应不及时，使进度严重偏离。

五、分析进度偏差对后续工作及总工期的影响

在工程项目实施过程中，当通过实际进度与计划进度的比较，发现有进度偏差时，需要分析该偏差对后续工作及总工期的影响，从而采取相应的调整措施对原进度计划进行调整，以确保工期目标的顺利实现。进度偏差的大小及其所处位置的不同，对后续工作和总工期的影响程度是不同的，分析时需要利用网络计划中工作总时差和自由时差的概念进行判断。分析步骤如下：

1. 分析出现进度偏差的工作是否为关键工作

如果出现进度偏差的工作位于关键线路上，即该工作为关键工作，则无论其偏差有多大，都将对后续工作和总工期产生影响，必须采取相应的调整措施；如果出现偏差的工作是非关键工作，则需要根据进度偏差值与总时差和自由时差的关系作进一步分析。

2. 分析进度偏差是否超过总时差

如果工作的进度偏差大于该工作的总时差，则此进度偏差必将影响其后续工作和总工期，必须采取相应的调整措施；如果工作的进度偏差未超过该工作的总时差，则此进度偏差不影响总工期。至于对后续工作的影响程度，还需要根据偏差值与其自由时差的关系作进一步分析。

3. 分析进度偏差是否超过自由时差

如果工作的进度偏差大于该工作的自由时差，则此进度偏差将对其后续工作产生影响，此时应根据后续工作的限制条件确定调整方法；如果工作的进度偏差未超过该工作的自由时差，则此进度偏差不影响后续工作，因此，原进度计划可以不做调整。

六、进度计划的调整方法

进度计划的调整方法主要有两种：

1. 改变某些工作间的逻辑关系

当工程项目实施中产生的进度偏差影响到总工期，且有关工作的逻辑关系允许改变时，可以改变关键线路和超过计划工期的非关键线路上的有关工作之间的逻辑关系，达到缩短工期的目的。例如，将顺序进行的工作改为平行作业、搭接作业以及分段组织流水作业等，都可以有效地缩短工期。

2. 缩短某些工作的持续时间

这种方法是不改变工程项目中各项工作之间的逻辑关系，而通过采取增加资源投入、提高劳动效率等措施来缩短某些工作的持续时间，使工程进度加快，以保证按计划工期完成该工程项目。这些被压缩持续时间的工作是位于关键线路和超过计划工期的非关键线路上的工作。同时，这些工作又是其持续时间可被压缩的工作。这种调整方法通常可以在网络图上直接进行。

【实践训练】

课目一:压缩关键工作的持续时间

(一)背景资料

某开发商开发甲、乙、丙、丁四幢住宅楼,分别与监理单位和施工单位签订了监理合同和施工合同。地下室为砼箱形结构、一至六层为砖混结构。施工单位确定的基础工程进度安排如表5-5所示。

表5-5 基础工程进度安排表

施工过程	各幢住宅基础施工时间(单位:周)			
	甲	乙	丙	丁
土方开挖	3	2	1	2
基础施工	4	5	2	5
基坑回填	2	2	1	2

(二)问题

(1)试根据表5-5的时间安排,以双代号网络图编制该工程的施工进度计划。

(2)从工期目标控制的角度来看,该工程的重点控制对象是哪些施工过程?工期为多长?

(3)在甲幢基坑土方开挖时发现土质不好,需在基坑一侧(临街)打护桩,致使甲幢基坑土方开挖时间增加1周;同时业主对乙、丁两幢地下室要求设计变更,将原来地下室改为地下车库。由于该变更将会使该两幢住宅每幢基坑土方开挖时间增加0.5周,基础施工时间均增加1周;甲、乙、丁每幢基坑回填时间增加0.5周。该工程的工期将变为多长?

(4)现要缩短工期,如何调整?

(三)分析与解答

1. 以双代号网络图的形式编制该工程的施工进度计划如图5-24所示:

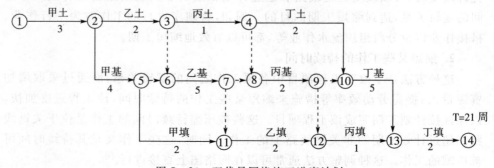

图5-24 双代号网络施工进度计划

建设工程进度控制(第2版)

2. 关键线路为:甲土→甲基→乙基→丙基→丁基→丁填,这些工作即为重点控制对象,工期 21 周。

3. 由于施工过程中的打护坡桩和设计变更等事项的发生,致使工期延长了3.5 周,实际总工期为 24.5 周,如图 5-25 所示。

4. 可以采取压缩某些工作持续时间的方法,应考虑压缩关键线路上的施工过程的施工时间,即压缩甲基、乙基、丙基、丁基、丁填的施工时间。

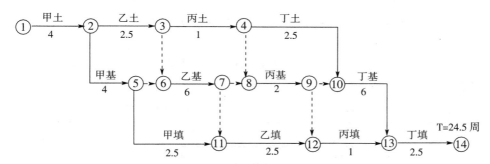

图 5-25 变更后的施工进度计划

课目二:改变工作的逻辑关系

(一)背景资料

某工程项目开工之前,承包方向监理工程师提交了施工进度计划如图 5-26所示,该计划满足合同工期 100 天的要求。

在此施工进度计划中,由于工作 E 和工作 G 共用一台塔吊(塔吊原计划在开工第 25 天后进场投入使用)必须顺序施工,使用的先后顺序不受限制(其他工作不使用塔吊)。

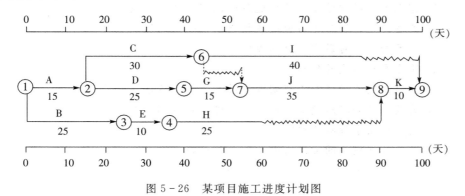

图 5-26 某项目施工进度计划图

在施工过程中,由于业主要求变更设计图纸,使工作 E 停工 10 天(其他工作持续时间不变),监理工程师及时向承包方发出通知,要求承包方调整进度计划,以保证该工程按合同工期完工。

承包方提出的调整方案为:将工作 J 的持续时间压缩 5 天如下。

(二)问题

1. 如果在原计划中先安排工作 E,后安排工作 G 施工,塔吊应安排在第几天(上班时刻)进场投入使用较为合理? 为什么?

2. 工作 E 停工 10 天后,承包方提出的进度计划调整方案是否合理? 该计划如何调整更为合理?

(三)分析与解答

1. 塔吊应安排在第 31 天(上班时刻)进场投入使用。塔吊在工作 E 与工作 G 之间没有闲置。

2. 不合理。可以先进行工作 G,后进行工作 E 如图 5-27 所示,因为工作 E 的总时差为 30 天,这样安排不影响合同工期。

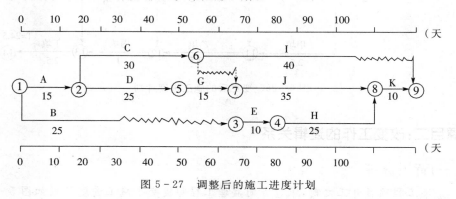

图 5-27 调整后的施工进度计划

本章思考题与实训

1. 建设工程实际进度与计划进度的比较方法有哪些?

2. 简述匀速进展与非匀速进展横道图比较法的区别。

3. 从 S 曲线中可获得什么信息?

4. 简述香蕉曲线的作用。

5. 如何绘制前锋线? 工程实际进展点的标定方法有哪几种?

6. 进度偏差会对后续工作和总工期造成什么影响?

7. 进度监测手段有哪些?

8. 进度计划调整的方法有哪些? 如何进行调整?

第六章 工程施工阶段的进度控制

【内容要点】

1. 施工阶段进度控制目标的确定；
2. 施工阶段进度控制的内容；
3. 施工进度计划实施中的检查与调整。

【知识链接】

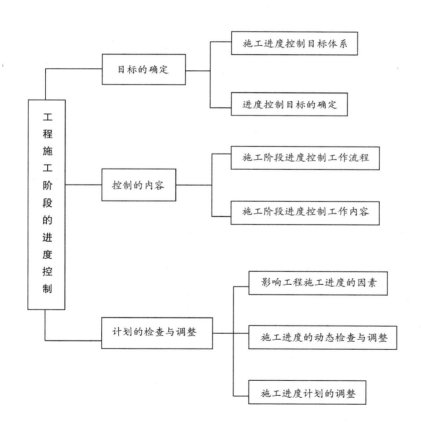

第一节 施工阶段进度控制目标的确定

一、施工进度控制目标体系

建设工程施工阶段进度控制的最终目的是保证工程项目按期建成交付使用。为了有效地控制施工进度,首先要将施工进度总目标从不同角度进行层层分解,形成施工进度控制目标体系,从而作为实施进度控制的依据。

建设工程施工阶段进度控制目标分解图如图 6-1 所示。

[想一想]
各分目标是如何分解的?

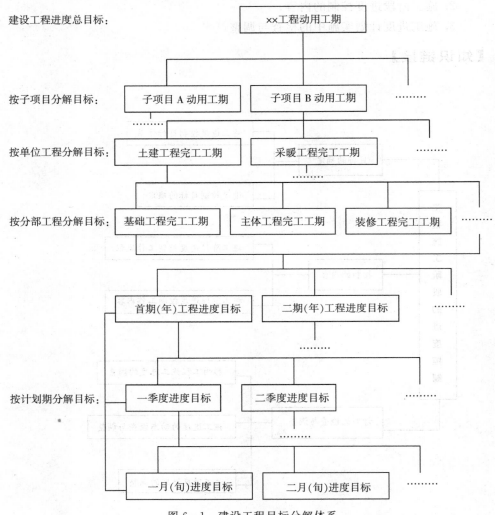

图 6-1 建设工程目标分解体系

1. 按子项目分解,确定各单位工程开工以及动用日期

各单位工程的进度目标在工程项目建设总进度计划及土木工程年度计划中都有体现。在施工阶段应进一步明确各单位工程的开工和交工动用日期,以确

定施工总进度目标的实现。

2. 按单位工程(承包项目)分解,明确分工条件和承包责任

在一个单位工程中多个承包单位参加施工时,应按承包单位将承包单位的进度目标分解,确定出分包单位的进度目标,列入分包合同,以便落实分包责任,并根据各专业工程交叉施工方案和前后衔接条件,明确各不同承包单位工作面交接的条件和时间。

3. 按施工阶段(分部工程)分解,划定进度控制分界点

根据工程项目的特点,应将其施工分成几个阶段,如土建工程可分为基础、主体和装修阶段。每一阶段的起止时间都要有明确的标志。特别是不同单位承包的不同施工段之间,更要明确划定时间分界点,以此作为形象进度的控制标志,从而使单位工程动用目标具体化。

4. 按计划期分解,组织综合施工

将工程项目的施工进度控制目标按年度、月(旬)进行分解,并用实物工程量、货币工程量及形象进度表示,将更有利于监理工程师明确对各承包单位的进度要求。同时,还可以据此监督其实施,检查其完成情况。计划期越短,进度目标越细,进度跟踪就越及时,发生进度偏差时也就更能有效地采取措施予以纠正。这样,就形成一个有计划、有步骤协调施工、长期目标对短期目标自上而下逐级控制、短期目标对长期目标自下而上逐级保证、逐步趋近进度总目标的局面,最终达到工程项目按期竣工交付使用的目的。

如图6-1所示,各单位工程交工动用的分目标以及按单位工程、分部工程和不同计划期划分的分目标。各目标之间相互联系,共同构成建设工程施工进度控制目标体系。其中,下级目标受上级目标的制约,下级目标保证上级目标,最终保证施工进度总目标的实现。

二、施工进度控制目标的确定

为了对施工进度实施控制,必须建立明确的进度目标,并按项目的分解建立各分层次的进度分目标,由此构成一个完整的建设施工进度目标系统。

为了提高进度计划的预见性和进度控制的主动性,在确定施工进度控制目标时,进度控制管理人员应认真考虑下列因素:

1. 项目总进度计划对施工工期的要求

项目可按进展阶段的不同分解为多个层次,项目的进度目标则可按此层次分解为不同的进度分目标。施工进度目标是项目总进度目标的分目标,它应满足总进度计划的要求。

2. 项目的特殊性

施工进度目标的确定,应考虑项目的特殊性,以保证进度目标切合实际,有利于进度目标的实现。如大型建设工程项目,应根据尽早提供可动用单元的原则,集中力量分期分批建设,以便尽早投入使用,尽快发挥投资效益。

3. 合理的施工时间

任何建设项目都需要经过一定的时间才能完成,不能随意制定施工期限,否

[问一问]

主动控制与被动控制相比有哪些优势?

则将会造成项目在实施过程中的失控。为了合理地确定施工时间,应参照施工工期定额和以往类似工程施工的实际进度。

4. 资金条件

资金是保证项目进行的先决条件,如果没有资金的保证,进度的目标则不能实现。所以,施工进度目标的确定应充分考虑资金的投入计划。

5. 人力条件

施工进度目标的确定应与可能投入的施工力量相适应。

6. 资源条件

确定施工进度目标应充分考虑材料、设备、构件等各种资源供应的可能性,还有这些资源的可供应量和供应时间。

7. 外界环境的影响

考虑工程项目所在地区地形、地质、水文、气象等方面的限制条件。

施工进度目标可按子项目、单位工程、分部工程及计划期进行分解,进度控制管理人员应根据所确定的分解目标,来检查和控制进度计划的实施。

作为建设项目管理人员,要想真正实现对工程项目的施工进度控制,就必须有明确、合理的各层次进度目标,只有实现了各个分进度目标,才能保证整个项目进度目标的实现。

【实践训练】

课目:进度目标的确定与分解

(一)背景资料

某 80km 高等级公路包括路基、路面、桥梁、隧道等主要项目,其中桥梁 1 个和隧道 2 个。该工程定于 2007 年 2 月开工,合同工期为 300 天。

(二)问题

1. 进度控制人员应从哪些方面进行进度目标的确定与分解?
2. 建立该工程进度目标体系。

(三)分析与解答

1. 该工程的总进度目标是 300 天。

首先第一层可以根据项目的组成划分为三个单位工程,即路基路面工程、桥梁工程、隧道工程。

第二层,路基路面工程可以以 20km 一个施工段划分成 A,B,C,D 四个段,桥梁工程可以划分成 A 桥,隧道工程可以划分 A 隧道、B 隧道。

第三层,按计划工期划分,分成 4 个季度,第 1 个季度只有 1 个月,其他 3 个季度均为 3 个月时间。

2. 该工程的进度目标体系如图 6-2 所示。请同学们根据上图自行思考、汇总一下每个季度及每个月该工程的进度目标(可以先画出横道图,再进行汇总)。

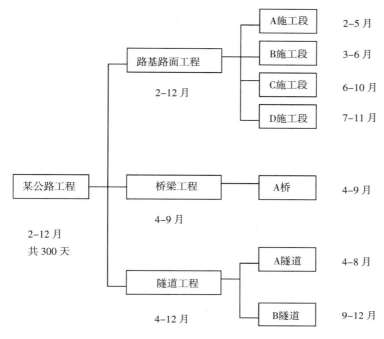

图 6 - 2 该公路工程进度目标体系

第二节 施工阶段进度控制的内容

一、施工阶段进度控制工作流程

建设工程施工阶段进度控制工作流程如图 6 - 3 所示。

二、施工阶段进度控制工作内容

(一)监理单位的主要工作内容

建设工程施工阶段进度控制工作从审核承包单位提交的施工进度计划开始,直至建设工程保修期满为止,其主要工作内容有:

1. 编制施工进度控制工作细则

施工进度控制工作细则是在建设工程监理规划的指导下,由进度控制部门的监理工程师负责编制的更具有实施性和操作性的监理业务文件。其主要内容包括:

(1)施工进度控制目标分解图;

(2)施工进度控制的主要工作内容和深度;

(3)进度控制人员的职责分工;

(4)与进度控制有关各项工作的时间安排及工作流程;

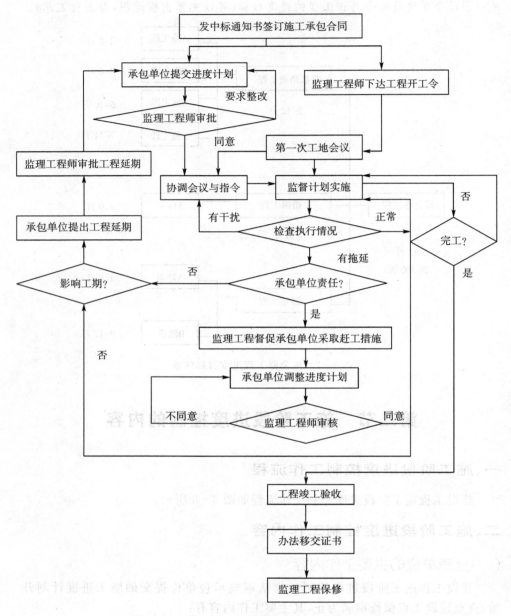

图 6-3 土木工程施工进度控制的工作流程图

[做一做]

请自己总结进度控制 4 类措施的适用范围。

(5)进度控制的方法(包括进度检查周期、数据采集方式、进度报表格式、统计分析方法等);

(6)进度控制的具体措施(包括组织措施、技术措施、经济措施及合同措施等);

(7)施工进度控制目标实现的风险分析;

(8)尚待解决的有关问题。

2. 编制或审核施工进度计划

为了保证建设工程的施工任务按期完成,监理工程师必须严格审核承包单位提交的施工进度计划。对于采取平行承发包模式发包的某些大型建设工程,或单位工程较多,业主采取分批发包模式的建设工程,由于其没有一个负责全部工程的总承包单位,这时业主的协调工作增加,而接受业主委托进行监理的监理工程师就要编制施工总进度计划;当建设工程有一个总负责的总承包单位时,监理工程师只需对其提交的施工总进度计划进行审核而不需要编制。

监理工程师在审核施工进度计划时的内容主要有:

[问一问]
　监理工程师审核进度计划的程序是什么?

(1)审核进度安排是否符合工程项目建设总进度计划中总目标和分目标的要求,是否符合施工合同中开工日期、竣工日期的规定。

(2)审核施工总进度计划中的项目是否有遗漏,分期施工是否满足分批动用的需要和配套动用的要求。

(3)审核施工顺序的安排是否符合施工工艺的要求。

(4)审核劳动力、材料、构配件、设备及施工机具、水、电等生产要素的供应计划是否能保证施工进度计划的实现,供应是否均衡及资源需求高峰期是否有足够能力实现计划供应。

(5)审核总包、分包单位分别编制的各项单位工程施工进度计划之间是否相协调,专业分工与计划衔接是否明确合理。

(6)审核对于业主负责提供的施工条件(包括资金、施工图纸、施工场地、采供的物资等),在施工进度计划中安排得是否明确、合理,是否有造成因业主违约而导致工程延期和费用索赔的可能存在。

如果监理工程师在审查施工进度计划的过程中发现问题,应及时向承包单位提出书面整改意见,重大问题要及时通知业主,也可以协助承包单位修改,修改完之后要求承包单位提交并按原审核程序进行审核,直至通过。

3. 按年、季、月编制工程综合计划

在按计划期编制的进度计划中,监理工程师应着重解决各承包单位施工进度计划之间、施工进度计划与资源(包括资金、设备、机具、材料及劳动力)保障计划之间及外部协作条件的延伸性计划之间的综合平衡与相互衔接问题。根据上期计划的完成情况对本期计划作必要的调整,从而作为承包单位近期执行的指令性计划。

4. 下达工程开工令

总监理工程师应根据承包单位和业主双方关于工程开工的准备情况,在满足以下必要开工条件时发布工程开工令。

(1)施工许可证已获政府主管部门批准。

(2)征地拆迁工作能满足工程进度的需要。

(3)施工组织设计已批准。

(4)承包单位现场管理人员已到位,机具、施工人员已进场,主要材料已落实。

(5)进场道路及水、电、通讯等已满足开工要求。

为了检查双方的准备情况,总监理工程师应参加由业主主持召开的第一次工地会议。第一次工地会议应包括以下主要内容:

(1)建设单位、承包单位和监理单位分别介绍各自驻施工现场的组织机构、人员及其分工。

(2)建设单位根据委托监理合同宣布对总监的授权。

(3)建设单位介绍开工准备情况。

(4)承包单位介绍施工准备情况。

(5)建设单位和总监理工程师对施工准备情况提出意见和要求。

(6)总监理工程师介绍监理规划的主要内容。

(7)研究确定各方在施工过程中参加工地例会的主要人员,召开工地例会的周期、地点及主要议题。

[问一问]

第一次工地会议的会议纪要应该由谁起草?

5. 协助承包单位实施进度计划

监理工程师要随时对建设工程进度进行跟踪检查,及时发现对进度计划在实施过程中所存在的问题,并向承包单位提出。当承包单位内外协调能力薄弱时,应适当帮助承包单位,解决存在的进度问题。

6. 监督施工进度计划的实施

监理人员应在建设工程施工过程中做好监理日志、监理工作记录,进行现场监督和旁站监理,监督好每一道工序、每一个分部分项工程的实施进度,从而保证项目整体进度计划的实施与实现。

7. 组织现场协调会

监理工程师应定期、根据需要及时组织召开不同层级的现场协调会议,以解决工程施工过程中的相互协调配合问题。内容主要包括:

(1)承包人报告近期的施工活动,提出近期的施工计划安排和要求,简要陈述发生或存在的问题。

(2)监理单位就施工进度和质量予以简要评述,并根据承包人提出的施工活动安排和要求,安排监理人员进行施工监理和相关方之间的协调工作。

在平行、交叉施工单位多,工序交接频繁且工期紧迫的情况下,现场协调会甚至需要每日召开。

对于某些未曾预料的突发变故或问题,监理工程师还可以通过发布紧急协调指令,督促有关单位采取应急措施维护施工的正常秩序。

8. 签发工程进度款支付凭证

监理工程师应对承包单位申报的已完分项工程量进行核实,在质量监理人员检查验收后,签发工程进度款支付凭证。

9. 审批工程延期

造成工程进度拖延的原因有两个方面:一是由于承包单位自身的原因;一是由于承包单位以外的原因。前者所造成的进度拖延,称为工程延误;而后者所造成的进度拖延称为工程延期。

（1）工程延误

当出现工期延误时，监理工程师有权要求承包单位采取有效措施加快施工进度。如果经过一段时间后，实际进度没有明显改进，仍然拖后于计划进度，而且显然影响工程按期竣工时，监理工程师应要求承包单位修改进度计划，并提交给监理工程师重新确认。监理工程师对修改后的施工进度计划的确认，并不是对工程延期的批准，他只是要求承包单位在合理的状态下施工。因此，监理工程师对进度计划的确认，并不能解除承包单位应负的一切责任，承包单位需要承担赶工的全部额外开支和误期损失赔偿。

（2）工程延期

如果由于承包单位以外的原因造成工期拖延，承包单位有权提出延长工期的申请。监理工程师应根据合同规定，审批工程延期时间。经监理工程师核实批准的工程延期时间，应纳入合同工期，作为合同工期的一部分。即新的合同工期应等于原定的合同工期加上监理工程师批准的工程延期时间。

10. 向业主提供进度报告

监理工程师应随时整理进度资料，并做好工程记录，定期向业主提交工程进度报告。

11. 督促承包单位整理技术资料

监理工程师要根据工程进展情况，督促承包单位及时整理有关技术资料。

12. 签署工程竣工报验单、提交质量评估报告

当单位工程达到竣工验收条件后，承包单位在自行预验的基础上提交工程竣工报验单，申请竣工验收。监理工程师在对竣工资料及工程实体进行全面检查，验收合格后，签署工程竣工报验单，并向业主提出质量评估报告。

13. 整理工程进度资料

在工程完工以后，监理工程师应将工程进度资料收集起来，进行归类、编目和建档，以便为今后其他类似工程项目的进度控制提供参考。

14. 工程移交

监理工程师应督促承包单位办理工程移交手续，颁发工程移交证书。在工程移交后的保修期内，还要处理验收后质量问题的原因及责任等争议问题，并督促责任单位及时修理。当保修期结束且再无争议时，建设工程进度控制的任务即告完成。

（二）施工单位进度控制的工作内容

施工进度控制是各项目标实现的重要工作，其任务是实现项目的工期或进度目标。主要分为进度的事前控制、事中控制和事后控制。

1. 进度的事前控制内容

（1）编制项目实施总进度计划，确定工程目标，作为合同条款和审核施工计划的依据。

（2）审核施工进度计划，看其是否符合总工期控制的目标要求。

（3）审核施工方案的可行性、合理性和经济性。

［想一想］

事前、事中、事后控制，哪个效果好？

（4）编制主要材料、设备的采购计划。

（5）审核施工总平面图，看其是否合理、经济。

（6）完成现场的障碍物拆除，进行"七通一平"，创造必要的施工条件。

（7）按合同规定接受设计文件、资料及地方政府和上级的批文。

（8）按合同规定准备工程款项。

2. 进度的事中控制内容

（1）进行工程进度的检查。审核每旬、每月的施工进度报告。一是审核计划进度和实际进度的差异；二是审核形象进度、实物工程量与工程量指标完成情况的一致性。

（2）进行工程进度的动态管理，即分析进度差异的原因，提出调整的措施和方案，相应调整施工进度计划、设计计划、材料供应计划和资金计划，必要时调整工期计划。

（3）组织现场的协调会，实施进度计划调整后的安排。

（4）定期向业主、监理单位及上级机关报告工程进展情况。

3. 进度的事后控制内容

当实际进度与计划进度发生差异时，在分析原因的基础上采取以下措施：制定保证总工期不突破的对策措施；制定总工期突破后的补救措施；调整相应的施工计划，并组织协调和平衡。

4. 项目经理部的进度控制程序

（1）根据施工合同确定的开工日期、总工期和竣工期确定施工目标，明确计划开工日期、计划总工期和计划竣工日期，确定项目分期分批的开、竣工日期。

（2）编制施工进度计划，具体安排实现前述目标的工艺关系、组织关系、搭接关系、起止时间、劳动力计划、材料计划、机械计划、其他保证性计划。

（3）向监理工程师提出开工报告，按监理工程师开工令指定的开工日期开工。

（4）实施施工进度计划，在实施中加强协调和检查，若出现偏差（不必要的提前或延误）及时进行调整，并不断的预测未来的进度情况。

（5）项目竣工验收前抓紧收尾阶段进度控制，全部任务完成前后进行进度控制总结，并编写进度控制报告。

【实践训练】

课目：施工过程中的工程进度与费用的综合分析

（一）背景资料

某建筑公司（承包方）与建设单位（发包方）签订了建筑面积为 2 100m² 的单层工业厂房的施工合同，合同工期为 20 周。承包方按时提供了施工方案和设计网络计划，如表 6-1 和图 6-4 所示，并获得工程师代表的批示。该项工程中各项工作的计划资金需用量由承包方提供,经工程师代表审查批准后,作为施工阶段投资控制的依据。

表 6-1　网络计划工作时间及费用

工作名称	A	B	C	D	E	F	G	H	I	J	K	L	M
持续时间(周)	3	4	3	3	3	4	3	2	4	5	6	4	6
费用(万元)	10	12	8	15	24	28	22	16	12	26	30	23	24

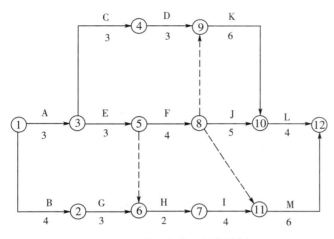

图 6-4　某工程施工网络计划

实际施工过程中发生了如下几项事件:

1. 在工程进行到第九周结束时,检查发现 A、B、C、E、G 工作均全部完成,D、F 和 H 三项工作实际完成的资金用量分别为 15 万元、14 万元和 8 万元。且前 9 周各项工作的实际投资均与计划投资相符。

2. 在随后的施工过程中,J 工作由于施工质量问题,工程师代表下达了停工令使其暂停施工,并进行返工处理 1 周,造成返工费用 2 万元;M 工作因发包方要求设计变更,使该工作因施工图纸晚到,推迟 2 周施工,并造成承包方因停工和机械闲置而损失 1.2 万元。为此承包方向发包方提出了 3 周工期索赔和 3.2 万元费用索赔。

(二)问题

1. 试绘制该工程的时标网络进度计划,根据第 9 周末的检查结果标出实际进度前锋线,分析 D、F 和 H 三项工作的实际进度与计划进度的偏差;到第 9 周末的实际累计投资额是多少?

2. 如果后续施工按计划进行,试分析上述三项工作的进度偏差对计划工期产生什么影响,其总工期是否大于合同工期?

3. 试重新绘制第 10 周开始至完工的时标网络进度计划。

4. 承包方提出的索赔要求是否合理?回答并说明原因。

5. 正确的工期索赔应如何计算？索赔工期为多少周？

6. 承包方合理的费用索赔额是多少？

(三)分析与解答

1. 该工程时标网络进度计划及第9周末的实际进度前锋线如图6-5所示。通过分析可知：D工作的 $ES=6$，F工作的 $ES=6$，H工作的 $ES=7$；故按计划进度第9周末：D、H工作应刚好完成，F工作应完成3周的工程量。而实际检查：D工作完成 $15 \div 15=100\%$，F完成工作 $14 \div 28=50\%$，H完成工作 $8 \div 16=50\%$；说明D工作进度正常，F工作实际完成2周的工程量而比计划进度拖延1周，H工作实际完成1周的工作量也比计划进度拖延1周。

第9周末的实际累计投资额为：

$$10+12+8+15+24+14+22+8=113（万元）。$$

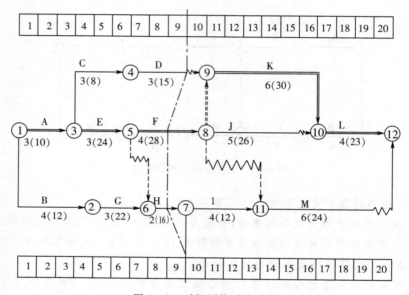

图6-5 时标网络进度计划

2. 通过分析可知：F工作的总时差 $TF=0$，即F工作为关键工作。故其任何拖延都会造成计划工期延长；H工作的总时差 $TF=1$ 周，等于其实际进度偏差，故其实际进度偏差仅对其后续工作有影响，而不会使计划工期延长。由计算可知，F工作的拖延使计划工期延长1周，即工期延长到21周，大于合同工期。

3. 重新绘制的第10周开始至完工的时标网络进度计划如图6-6所示。

4. 承包方提出的索赔要求不合理。因为J工作由于施工质量问题造成返工，其责任在承包方；而M工作造成的损失属于非承包方责任。故承包方仅能就设计变更使M工作造成的损失向发包方提出索赔。

5. M工作本身拖延时间2周，而根据分析M工作的总时差 $TF=1$ 周。由此可知M工作的拖延使计划工期又延长1周，实际工期达到22周。可索赔工期为1周。

6. 承包方合理的费用索赔为 M 工作因停工和机械闲置造成的损失 1.2 万元。

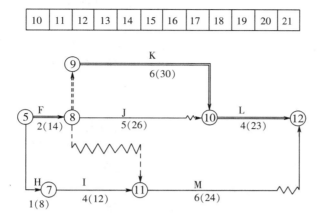

10	11	12	13	14	15	16	17	18	19	20	21

图 6-6　第 10 周开始至完工的时标网络进度计划

第三节　施工进度计划实施中的检查与调整

一、影响工程施工进度的因素

为了对工程项目的施工进度有效地控制,必须在施工进度计划实施之前对影响工程项目工程进度的因素进行分析,进而提出保证施工进度计划实现目标的措施,以实现对工程项目施工进度的主动控制。影响工程项目施工进度的因素有很多,归纳起来,主要有以下几个方面:

1. 工程建设相关单位的影响

影响工程项目施工进度的单位不只是施工承包单位。事实上,只要是与工程建设有关的单位(如政府有关部门、业主,设计单位、物资供应单位、资金贷款单位,以及运输、通讯、供电等部门等),其工作进度的拖后必将对施工进度产生影响。因此,控制施工进度仅仅考虑施工承包单位是不够的,必须充分发挥监理的作用,协调各相关单位之间的进度关系。而对于那些无法进行协调控制的进度关系,在进度计划的安排中应留有足够的机动时间。

2. 物资供应进度的影响

施工过程中需要的材料、构配件、机具和设备等如果不能按期运抵施工现场或者运抵施工现场后发现其质量不符合有关标准的要求,都会对施工进度产生影响。因此,项目进度控制人员应严格把关,采取有效措施控制好物资供应进度。

3. 资金的影响

工程施工的顺利进行必须有足够的资金作保障。一般来说,资金的影响主要来自业主,或者是由于没有及时给足工程预付款,或者是由于拖欠了工程进度款,这些都会影响到承包单位流动资金的周转,进而殃及施工进度。项目进度控制人员应根据业主的资金供应能力,安排好施工进度计划,并督促业主及时拨付工程预付款和工程进度款,以免因资金供应不足而拖延进度,导致工期索赔。

4. 设计变更的影响

在施工过程中,出现设计变更是难免的,或者是由于原设计有问题需要修改,或者是由于业主提出了新的要求。项目进度控制人员应加强图纸审查,严格控制随意的工程变更,特别对业主的变更要求应引起重视。

5. 施工条件的影响

在施工过程中,一旦遇到气候、水文、地质及周围环境等方面的不利因素,必然会影响到施工进度。此时,承包单位应利用自身的技术组织能力予以克服。监理工程师应积极疏通关系,协助承包单位解决那些自身不能解决的问题。

6. 各种风险因素的影响

风险因素包括政治、经济、技术及自然等各种预见的因素。政治方面的有战争、内乱、罢工、拒付债务、制裁等;经济方面的有延迟付款、汇率浮动、换汇控制、通货膨胀、分包单位违约等;技术方面的有工程事故、试验失败、标准变化等;自然方面的有地震、洪水等。

7. 承包单位自身管理水平的影响

施工现场的情况千变万化,如果承包单位的施工方案不当,计划不周,管理不善,解决问题不及时等,都会影响工程项目的施工进度。

正是由于上述各种因素的影响,施工进度计划的执行过程难免会产生偏差,一旦发现进度偏差,就应及时分析产生的原因,采取必要纠偏措施或调整原进度计划,这种调整过程是一种动态控制的过程。

二、施工进度的动态检查与调整

(一)对进度控制的检查

在施工项目的实施过程中,为了进行进度控制,进度控制人员应经常地、定期地跟踪检查施工实际进度情况,主要是收集施工进度材料,进行统计整理和对比分析,确定实际进度与计划进度之间的关系,以便主动地、及时地进行进度控制。

图6-7是进度控制系统的组成单元,进度控制人员对施工进度进行检查时的主要工作有以下几点:

1. 跟踪检查施工实际进度

为了对施工进度计划的完成情况进行统计、进度分析和调整计划提供信息,应对施工进度计划依据其实施记录进行跟踪调查。

跟踪检查施工实际进度是项目施工进度控制的关键措施。其目的是收集实际施工进度的有关数据。跟踪检查的时间和收集数据的质量,直接影响到控制工作的质量和效果。

一般检查的时间间隔与施工项目的类型、规模、施工条件和对进度执行要求

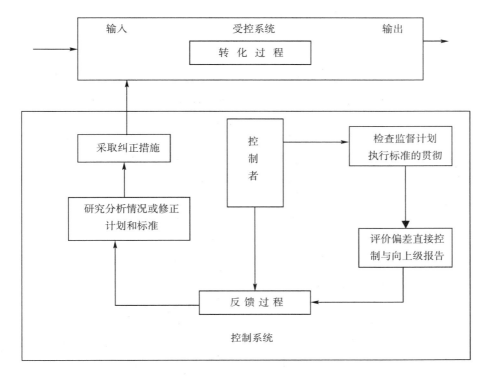

图 6-7 进度控制系统的组成

程度有关。通常可以确定每月、半月、旬或周进行一次。如施工中遇到天气、资源供应等不利因素的严重影响,检查的时间间隔可以临时缩短,次数应频繁,甚至可以每日进行检查,或派人员现场督阵。检查和收集资料的方式一般采用进度报表的方式或定期召开进度工作报告会。为了保证资料汇报的准确性,进度控制人员要经常到现场查看施工项目的实际进度情况,从而保证经常地、定期地准确掌握施工项目的实际进度。

根据不同的需要,进行日检查或定期检查的内容包括:①检查期内实际完成和累计完成工程量;②实际参加施工的人力、机械数量和生产效率;③窝工人数、窝工机械台班数、机器原因分析;④进度偏差情况;⑤进度管理情况;⑥影响进度的特殊原因分析;⑦整理统计检查数据。

对收集到的施工项目实际进度数据要进行必要的整理,按计划控制的工作项目进行统计,形成与计划进度有可比性的数据、相同的量纲和形象进度。一般按实物工程量、工程量和劳动消耗量以及累计百分比整理和统计实际检查数据,以便与相应的计划完成量相对比。

2. 对比实际进度与计划进度

将收集到的资料整理和统计成具有与计划进度可比性的数据后,用施工项目实际进度与计划进度比较。通常用的比较方法有横道图比较法、S形曲线比较法、香蕉曲线比较法、前锋线比较法和列表比较法等(具体的应用方法请参照第五章)。通过比较得出实际进度与计划进度相一致、提前、滞后的三种情况。

[想一想]

进度比较的方法有哪几种?

3. 施工进度与检查结果的处理

施工进度检查的结果,按照检查报告制度的规定,形成进度控制报告向有关主管人员和部门报告。

进度控制报告是把检查比较结果、有关施工进度线和发展趋势,提供给项目经理及各级业务职能负责人的最简单的书面形式报告。

[想一想]
进度报告有哪几种?呈报的对象是谁?

进度控制报告是根据报告对象的不同,确定不同的编制范围和内容而分解编制的。一般分为三种:(1)项目概要级进度报告是报给项目经理、企业经理或业务部门以及建设单位(业主),以整个施工项目为对象说明进度计划执行情况的报告;(2)项目管理级的进度报告是报给项目经理及企业业务部门的,它是以单位过程或项目分区为对象说明进度报告执行情况的报告;(3)业务管理级的进度报告是就某个重点部位或重点问题为对象编写的报告,供项目管理者及各业务部门为其采取应急措施而使用的。

进度报告由计划负责人或进度管理人员与其他项目管理人员协作编写,报告时间一般与进度检查时间协调,也可按月、旬、周等间隔时间进行编写上报。

通过检查应向企业提供施工进度报告的内容主要包括:(1)项目实际概况、管理概况、进度概况的总说明;(2)施工图纸提供进度;(3)材料、物资、构配件供应进度;(4)劳务记录及预测;(5)日历计划;(6)对建设单位、监理和施工者的工程变更指令、价格调整、索赔及工程款收支情况;(7)进度偏差的状况和导致偏差的原因分析;(8)解决措施;(9)计划调整意见等。

(二)进度计划的动态调整

监理机构要对进度计划进行动态的调整,必须对进度计划的实施状况进行动态地检查与分析。进度控制的动态原理图如图6-8所示。

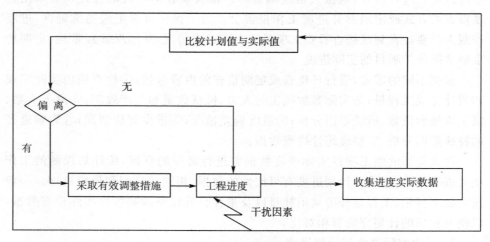

图6-8 动态控制原理

1. 检查施工进度的实际进展

在施工进度计划的实施过程中,由于各种因素的影响,常常会打乱原始计划的安排而出现进度偏差。因此,监理工程师必须对施工进度计划的执行情况进行动态检查,并分析进度偏差产生的原因,以便为施工进度计划的调整提供必要信息。

在建设工程施工过程中,监理工程师可以通过以下方式获得其实际进展情况:

(1)定期地,经常地收集由承包单位提交的有关进度报表资料。

工程施工进度报表资料不仅是监理工程师实施进度控制的依据,同时也是其核对工程进度款的依据。在一般情况下,进度报表格式由监理单位提供给施工承包单位,施工承包单位按时填写完后提交给监理工程师核查。报表的内容根据施工对象及承包方式的不同而有所区别,但一般应包括工作的开始时间,完成时间,持续时间,逻辑关系,实物工程量和工作量,以及工作时差的利用情况等。承包单位若能准确地填报进度报表,监理工程师就能从中了解到建设工程师的实际进展情况。

(2)由驻地监理人员现场跟踪检查建设工程的实际进展情况。

为了避免施工承包单位超报已完成工程量,驻地监理人员必须进行现场实地检查和监督。至于每隔多长时间检查一次,应视建设工程的类型,规模,监理范围及施工现场的条件等多方面的因素而定。可以每月或每半月检查一次,也可每周检查一次。如果在某一施工阶段出现不利情况时,甚至需要每天检查。

除上述两种方式外,由监理工程师定期组织现场施工负责人召开现场会议,也是获得建设工程实际进展情况的一种方式,通过这种面对面的交谈,监理工程师可以从中了解到施工过程中的潜在问题,以便及时采取相应的措施加以预防,尽量减少进度偏离的程度。

[想一想]
施工进度的检查方式有哪些?

2. 实际进度与计划进度相比较,找出偏差

横道图比较法、S曲线、香蕉曲线以及网络实际进度前锋线,都能方便地记录和对比工程进度,提供进度提前或滞后的信息。

3. 对偏差进行分析,采取措施进行调整

在对实施的进度计划分析的基础上,应确定调整原计划的方法,一般主要有以下两种:

第一类:改变某些工作间的逻辑关系。

若检查的实际施工进度产生的偏差影响了总工期,在工作之间的逻辑关系允许改变的条件下,改变关键线路和超过计划工期的非关键线路上的有关工作之间的逻辑关系,达到缩短工期的目的。用这种方法调整的效果是很显著的,例如可以把依次进行的有关工作改变成平行的、或互相搭接的以及分成几个施工段进行流水施工的,都可以达到缩短工期的目的。

第二类:缩短某些工作的持续时间。

这种方法是不改变工作之间的逻辑关系,而是利用技术或组织的方法缩短某些工作的持续时间,使施工进度加快,并保证实现计划工期的方法。这些被压缩持续时间的工作是位于由于实际施工进度的拖延而引起总工期增长的关键线路和某些非关键线路上的工作。同时,这些工作又是可压缩的工作,即压缩后工作的持续时间不能短于工作的极限持续时间。这种方法实际上就是网络计划优化中的工期优化方法和工期与成本优化的方法,请参照前面的章节。压缩关键线路各关键工作的工期。压缩工期的措施通常有以下几大类:

(1)组织措施

① 原来按先后顺序实施的活动改为平行施工;

② 采用多班制施工或者延长工人作业时间;

③ 增加劳动力和设备等资源的投入;

④ 在可能的情况下采用流水作业方法安排一些活动,能明显地缩短工期;

⑤ 科学的安排(如合理的搭接施工);

⑥ 将原计划自己制作构件改为购买,将原计划自己承担的某些分项工程分包出去,这样可以提高工作效率,将自己的人力物力集中到关键工作上;

⑦ 重新进行劳动组合,在条件允许的情况下,减少非关键工作的劳动力和资源的投入强度,将他们转向关键工作。

(2)技术措施

① 将占用工期时间长的现场制造方案改为场外预制,场内拼装;

② 采用外加剂,以缩短混凝土的凝固时间,缩短拆模期等等。

上述措施都会带来一些不利影响,都有一些使用条件。他们可能导致资源投入增加,劳动效率低下,使工程成本增加或质量降低。

(3)经济措施

① 对承包商实行包干奖励;

② 提高提前竣工的奖金数额;

③ 对所采取的技术措施缩短工作持续时间给予相应的经济补偿。

(4)其他配套措施

① 改善外部配合条件;

② 改善劳动条件;

③ 实施强有力的调度等。

三、施工进度计划的调整

施工项目进度计划的调整是根据检查结果,分析实际与计划进度之间产生的偏差及原因,采取积极措施予以补救,对计划进度进行适时修正,最终确保计划进度指标得以实现的过程。

前一章介绍的横道图、S曲线、香蕉曲线以及网络实际进度前锋线,都能方便地记录和对比工程进度,提供进度提前或拖后等信息,但用网络实际进度前锋线法进行检查对比,能更方便、准确地分析检查结果对工期的影响,从而为准确调整进度计划提供便利。因此,检查与调整进度计划一般采用网络实际进度前锋线法。

在施工项目实施过程中,项目进度控制人员每天均在项目网络进度计划图上标画出实际施工进度前锋线,检查网络进度计划执行情况。一般每周做一次检查结果分析,并向主管部门提出相应的施工进度控制报告。

主管部门根据具体情况,及时调整网络进度计划。调整内容主要包括:从网络进度计划中删除多余的工序,在网络图上增加新的工序,调整某些工序,在网络图上增加新的工序,调整某些工序的持续时间,以及重新计划未完工序的各项时间参数。

[想一想]
项目网络进度计划调整周期的长短如何确定?

项目网络进度计划调整周期的长短,应视项目规模和施工阶段的不同而异。通常工期为6个月至1年的施工项目,其调整周期以两周为宜;工期为1年以上的施工项目,其调整周期应为1个月为宜;对于高峰阶段,其调整周期应缩短至正常的一半;对于施工淡季,其调整周期可以增至正常周期的一倍。施工项目网络进度计划的调整,应与有关施工协议会议接洽起来。在会前一、两天,项目进度控制部门应提出网络进度计划调整方案,并拟定相应的调整报告,然后由施工协调会议计划并做出相应的决策。

网络进度计划的调整方法,应根据调整范围的大小确定。当调整范围不大时,可在原网络进度计划基础上修订,重新计算未完成工序各项时间参数,并进行相应的优化;当调整范围很大时,应重新安排施工顺序,调整施工力量,编制新的项目网络进度计划,计算各项时间参数,进行网络进度计划优化,并确定出最优方案去付诸实施。

【实践训练】

课目一:施工过程中施工进度计划的调整

(一)背景资料

某工程双代号网络计划图已经总监工程师批准执行,如图6-9所示。

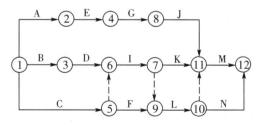

图6-9 某工程网络计划图

各工作相关数据如表6-2所示。

表6-2 各工作相关数据

工作	计划工期(月)	压缩工期一月增加的直接费(万元/每月)
A	4	1
B	3	1.2
C	4	1

工作	计划工期（月）	压缩工期一月增加的直接费（万元/每月）
D	2	1.6
E	2	0.8
F	2	1.8
G	4	1.5
I	4	3
J	3	1.2
K	3	2
L	3	1.4
M	2	3.5
N	2	1.7

(二)问题

1. 计算此工程的计划工期,说明 A、B、C、D、I、J 的 ES、EF、TF,并确定关键线路。

2. 若 A、I、J 三个工序共用一台设备,用图示说明 A、I、J 依次顺序施工计划情况,并计算设备在场时间,确定工序关键线路与总工期。

3. 施工过程中由于设计变更,C 工作增加 3 个月,由于乙方施工出现重大质量事故,D 工作完成后决定返修,增加用工 2 个月;在 K、J 工作结束后增加工作 O,工期 1 个月,费用变动率为 3 万元,说明关键线路是否发生变化共用设备在场时间是否发生变化

4. 施工指挥部决定在问题 3 中事件发生的前提下要求按原计划工期完工,施工组织以最小变动费用为目标应如何调整并计算相应增加的费用。调整工作作业时间限定每个关键工作只能减少 1 天。

(三)分析与解答

1. 计算如表 6-3 所示。

表 6-3 各项工作的时间参数

工作名称	最早开始时间	最早结束时间	最迟开始时间	最迟结束时间	总时差	自由时差
A	0	4	0	4	0	0
B	0	3	1	4	1	0
C	0	4	2	6	2	0
D	3	5	4	6	1	0
E	4	6	4	6	0	0

工作名称	最早开始时间	最早结束时间	最迟开始时间	最迟结束时间	总时差	自由时差
F	4	6	8	10	4	3
G	6	10	6	10	0	0
I	5	9	6	10	1	0
J	10	13	10	13	0	0
K	9	12	10	13	1	1
L	9	12	10	13	1	0
M	13	17	13	17	0	0
N	12	14	15	17	3	3

经计算 A—E—G—J—M 工作组成关键线路,计划工期为 17 个月。

A 工作 $ES=0, EF=4, TF=0$;　　B 工作 $ES=0, EF=3, TF=1$;

C 工作 $ES=0, EF=4, TF=2$;　　D 工作 $ES=3, EF=5, TF=1$;

I 工作 $ES=5, EF=9, TF=1$;　　J 工作 $ES=10, EF=13, TF=0$。

2. 计算如图 6—10 所示。

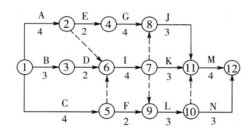

图 6—10　设备在场网络计划图

根据三个工作的最早开始时间顺序,设备先提供给 A,再提供给 I,最后提供给 J。在新的网络图中为了表示这种逻辑关系,增加了 2—6 虚工作和 7—8 虚工作。新的网络计划中关键线路和计划工期仍不变(同学们可以自己动手计算一下时间参数),由于 A 工作 $ES=0$,J 工作 $EF=13$,所以设备在场时间为 13 个月。

3. 由图 6—11 可知,关键线路发生变化,共产生 4 条关键线路,即:

　　　　B—D—I—K—O—M

　　　　B—D—I—J—O—M

　　　　C—I—K—O—M

　　　　C—I—J—O—M

A 工作 $ES=0$,J 工作 $EF=14$,所以设备在场时间为 14 个月,增加 1 个月。

4. C 工作、D 工作工作时间延误致使总工期变为 19 个月,若保证按原计划 17 个月完工,就需对 7 月份以后施工工序中的关键工作进行压缩,由于 O 工作为新增加工作,工期仅为 1 个月,无法压缩。由于 J 工作和 K 工作为平行的关键工作,仅压缩其中一个工作的工期,总工期不能改变。

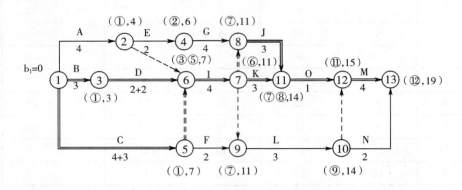

图 6-11　工程网络计划调整计算图

在压缩关键工作持续时间时应每次减少 1 个单位的时间,如果关键线路不发生改变仍按原线路压缩。若关键线路发生改变,应考虑在新的关键线路上进行压缩,压缩过程如表 6-4 所示。

表 6-4　工期调整费用计算

调整方案	相关费用	备　注
I⊖,M⊖	3+3.5=6.5(万元)	I⊖表示 I 工作压缩工期 1 个月,其余相似
I⊖,J⊖,K⊖	3+1.2+2=6.2(万元)	
M⊖,J⊖,K⊖	3.5+1.2+2=6.7(万元)	

结论:以减少变动费用为目标,确保 17 个月完工的调整方案是:I、J、K 三项工作均压缩工期 1 个月。调整后增加的费用为 6.2 万元。

本章思考题与实训

1. 简述建设工程进度目标分解的原则和注意事项。

2. 工程项目建设共有几个阶段? 工程项目进度目标的控制涉及哪几个阶段? 而哪一个阶段又最为重要?

3. 影响施工阶段进度控制的因素有哪些?

4. 监理工程师施工阶段进度控制的重点工作是什么?

5. 何为进度偏差? 有哪些措施可以进行进度偏差的调整?

　　　　　　　　　　　　　　　　　　　建设工程进度控制(第 2 版)

第七章　工程索赔

【内容要点】

1. 工程延期与延误的概念；
2. 工程索赔的程序；
3. 工程延期的控制；
4. 工程延误的处理；
5. 申报工程延期的条件；
6. 工程延期的审批程序；
7. 工程延期的审批原则。

【知识链接】

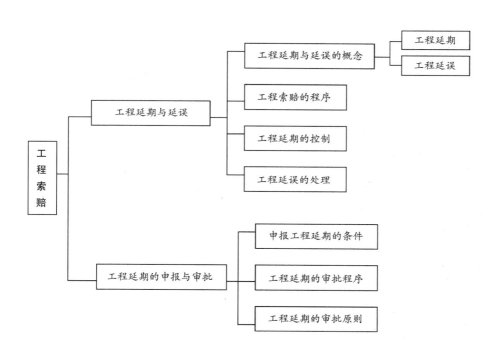

第一节　工程延期与延误

一、工程延期与延误的概念

［想一想］
工程延期与延误有区别吗？

土木工程在施工过程中，按工期的延长分为工程延误和工程延期两种，它们都属工程的拖期，但由于性质不同，所以业主与承包单位所承担的责任也就不同。另外监理工程师是否将施工过程中工期的延长批准为工程延期，对业主和承包单位都很重要。

1. 工程延期

工程延期指按合同规定，由非承包人自身原因造成的、经监理工程师书面批准的合理工期的延长。如果工期延长属于工程延期，则承包单位不仅有权要求延长工期，而且还有权向业主提出赔偿费用的要求以弥补由此造成的额外损失。

2. 工程延误

工程延误指按合同规定，由承包单位自身原因造成的工期拖延，而承包单位又未按照监理工程师的指令改变工程的延期。如果工期延长属于工程延误，则由此造成的一切损失由承包单位承担。同时，业主还有权对承包单位实行延期违约罚款。

二、工程索赔的程序

1. 提出索赔要求

当出现索赔事项后，承包人以书面的索赔通知书形式，在索赔事项发生后28天内，向工程师正式提出索赔意向通知。一般包括以下内容：

(1)指明合同依据。

(2)索赔事件发生的时间、地点。

(3)事件发生的原因、性质、责任。

(4)承包商在事情发生后所采取的控制事情进一步发展的措施。

(5)说明索赔事件的发生给承包商带来的后果，如工期、费用的增加。

(6)申明保留索赔的权利。

2. 报送索赔资料和索赔报告

承包商在索赔通知书发出之后28天内，向监理工程师提出延长工期和补偿经济损失的索赔报告及有关资料。当索赔事件持续进行时，承包商应当阶段性地向监理工程师发出索赔意向，在索赔事情终了后28天内，向监理工程师递交索赔的有关资料和最终索赔报告。

［问一问］
监理工程师在工程索赔中起到哪些作用？

3. 监理工程师答复

监理工程师在收到承包商递交的索赔报告和有关资料后，必须在28天内给予答复或对承包商作进一步补充索赔理由和证据的要求。

4. 监理工程师逾期答复后果

监理工程师在收到承包商递交的索赔报告及有关资料后28天内未予答复

或未对承包商作进一步要求,视为该项已经被认可。但是,一般来说,索赔问题的解决需要采取合同双方面对面地讨论,将未解决的索赔问题列为会议协商的专题,提交会议协商解决。

5. 仲裁与诉讼

监理工程师对索赔的答复,承包商或发包人不能接受,则可通过仲裁或诉讼的程序最终解决。

三、工程延期的控制

[想一想]
如何减少或避免工程延期事件的发生?

发生工程延期事件,不仅影响工程的进度,而且会给业主带来损失。因此,监理工程师应做好以下工作,以减少或避免工程延期事件的发生。

1. 选择合适的时间下达工程开工命令

监理工程师下达工程开工命令之前,应充分考虑业主前期准备工作是否充分。特别是征地、拆迁问题是否解决,设计图纸能否及时提供,以及付款方面有无问题等,以避免由于上述问题缺乏准备而造成工程延期。

2. 提醒业主履行施工承包合同所规定的职责

在施工过程中,监理工程师应经常提醒业主履行自己的职责,提前做好施工场地及设计图纸的提供工作,并能及时支付工程进度款,以减少或避免由此造成的工程延期。

3. 妥善处理工程延期事件

当延期事件发生以后,监理工程师应根据合同的规定妥善处理。既要尽量减少工程延期时间及其损失,又要在详细调查研究的基础上合理批准工程延期的时间。此外,业主在施工过程中应尽量减少干预,以避免由于业主的干扰和阻碍而导致延期事件的发生。

四、工程延误的处理

[想一想]
如何准备工程延误的证据?

如果由于承包单位自身的原因造成工期延误,而承包单位又未按监理工程师的指令改变延期状态时,通常采用下列手段进行处理。

1. 停止付款

当承包单位的施工活动不能使监理工程师满意时,监理工程师有权利拒绝承包单位的支付申请。因此,当承包单位的施工进度拖后且又不采取积极措施时,监理工程师可以采取停止付款的手段制约承包单位。

2. 误期损失赔偿

停止付款一般是监理工程师在施工过程中制约承包单位延误工期的手段,而误期损失赔偿则是承包单位未能按合同规定的工期完成合同范围内的工作时对其的处罚。如果承包单位未能按合同规定的工期完成整个工程,则应向业主支付投标附件书附件中规定的金额,作为该项违约的损失补偿费。

3. 取消承包资格

如果承包单位严重违反合同,又不采取补救措施,则业主为了保证合同工期有权取消其承包资格。例如,承包单位接到监理工程师的开工通知后,无正当理由推迟开工时间,或在施工过程中无任何理由要求要延长工期,施工进度缓慢,又无视监理工程师的书面警告等,都可能受到取消承包资格的处罚。取消承包单位资格是对承包单位违约的严厉制裁。因此,业主一旦取消承包单位的承包资格,承包单位不但要被驱逐出施工现场,而且还要承担由此造成的业主的损失费用。这种惩罚措施一般不轻易采取,而且在做出这项决定前,业主必须事先通知承包单位,并要求其在规定的期限内做好辩护准备。

【实践训练】

课目一:案例1

(一)背景资料

某宿舍楼工程,地下 1 层,地上 9 层,建筑高度 31.95m,钢筋混凝土框架结构,基础为梁板式筏形基础,钢门窗框、木门,采取集中空调设备。施工组织设计确定,土方采取用大开挖放坡施工方案,开挖土工期 15 天,浇筑基础底板混凝土 24 小时连续施工,需 3 天。施工过程中发生如下事件:

[事件 1]施工单位在合同协议条款约定的开工日期前 6 天提交了一份请求报告,报告请求延期 10 天,其理由为:

(1)电力部门通知,施工用电变压器在开工 4 天后才能投入使用。

(2)由铁道部门运输的 3 台属于施工单位自有的施工主要机械在开工后 8 天才能运到施工现场。

(3)为工程开工所必需的辅佐施工设施在开工后 10 天才能投入使用。

[事件 2]工程所需的 100 个钢门窗框是由业主负责供货,钢门窗框运达施工单位工地入仓库,并经入库验收。施工过程中进行质量检验时,发现有 5 个钢门窗框有较大变形,甲方代表下令施工单位拆除,经检查属于使用材料不符合要求。

[事件 3]由施工单位供货并选择的分包商将集中空调安装完毕,进行联动无负荷试车时需电力部门和施工单位进行某些配合工作。试车检查结果表明,该集中空调设备的某些主要部件存在严重的质量问题,需要更换,分包方增加工作量和费用。

[事件 4]在基础回填过程中,总包单位已按规定取土样,实验合格。监理工程师对填土质量表示异议,责成总包单位再次取样复验,结果合格。

(二)问题

1. 事件 1 施工单位请求延期的理由是否成立? 应如何处理?

2. 事件 2、事件 3、事件 4 属于哪个责任方? 应如何处理?

(三)分析与解答

1. 其中理由 1 成立,应批准顺延工期 4 天。理由 2、3 不成立,施工主要机械和辅佐设施未能按期运到现场投入使用的责任应由施工单位承担。

2. 事件 2 的责任方属于甲方,业主供料中的质量缺陷,拆除返工费用由甲方负责并顺延工期。事件 3 中分包方损失应由施工方负责费用补偿。事件 4 的责任方属于甲方,对已检验合格的施工部位进行复检仍合格由甲方负责相关费用。

课目二:案例 2

(一)背景资料

某建筑公司(乙方)于某年 4 月 20 日与某厂(甲方)签订了修复建筑面积为 3000m² 工业厂房(带地下室)的施工合同。乙方编制的施工方案和进度计划已获监理工程师批准。该工程的基坑施工方案规定:土方工程采用租赁一台斗容量为 1m³ 的反铲挖掘机施工。甲、乙双方合同约定 5 月 11 日开工,5 月 20 日完工。在实际施工中发生如下几项事件:

[事件 1]因租赁的挖掘机大修,晚开工 2 天,造成人员窝工 10 个工日;

[事件 2]基坑开挖后,因遇软土层,接到监理工程师 5 月 15 日停工的指令,进行地质复查,配合用工 15 个工日;

[事件 3]5 月 19 日接到监理工程师于 5 月 20 日复工的指令,5 月 20 日~22 日,因下罕见的大雨迫使基坑开挖暂停,造成人员窝工 10 个工日;

[事件 4]5 月 23 日用 30 个工日修复冲坏的永久道路,5 月 24 日恢复正常挖掘工作,最终基坑于 5 月 30 日开挖完毕。

(二)问题

1. 简述工程施工索赔的程序。

2. 建筑公司对上述哪些事件可以向甲方要求索赔,哪些事件不可以要求索赔,并说明原因。

3. 每项时间工期索赔各是多少天? 总计工期索赔是多少天?

(三)分析与解答

1. 我国《建设工程施工合同(示范文本)》规定的施工索赔程序如下:

(1)索赔事件发生后 28 天内,向工程师发出索赔意向通知;

(2)发出索赔意向通知 28 天内,向工程师提出补偿经济损失和延长工期的索赔报告及有关资料;

(3)工程师在收到承包人送交的索赔报告和有关资料后,于 28 天内给予答复,或要求承包人进一步补充索赔理由和证据;

(4)工程师在收到承包人送交的索赔报告和有关资料后 28 天内未给予答复或未对对承包人作进一步要求,视为该项索赔已经认可;

(5)当该索赔事件持续进行时,承包人应阶段性向工程师发出索赔意向,在索赔事件终了后 28 天内,向工程师提供索赔的有关资料和最终索赔报告。

2. 关于索赔:

事件 1 索赔不成立。因此事件发生原因属于承包商自身责任。

事件 2 索赔成立。因该施工地质条件的变化是一个有经验的承包商所无法合理预见的。

　　事件 3 索赔成立。这是因特殊反常的恶劣天气造成工程延误。

　　事件 4 索赔成立。因恶劣的自然条件或不可抗力引起的工程损坏及修复应由业主承担责任。

　　3. 关于工期索培：

　　事件 2 索赔工期 5 天（5 月 15 日～5 月 19 日）。

　　事件 3 索赔工期 3 天（5 月 20 日～5 月 22 日）。

　　事件 4 索赔工期 1 天（5 月 23 日）。

　　　　　　共计索赔工期为：5＋3＋1＝9 天

第二节　工程延期的申报与审批

一、申报工程延期的条件

[想一想]
　哪些情况属于工程延期?

　　由于以下原因导致工程拖期,承包单位有权提出延长工期的申请,监理工程师应按合同规定,批准工程延期时间。

　　1. 监理工程师发出工程变更指令而导致工程量增加。

　　2. 合同所涉及的任何可能造成工程延期的原因,如延期交图、工程暂停、对合格工程的剥离检查及不利的外界条件等。

　　3. 异常恶劣的气候条件。

　　4. 由业主造成的任何延误、干扰或障碍,如未及时提供施工场地、未及时付款等。

　　5. 除承包单位自身以外的其他任何原因。

二、工程延期的审批程序

[想一想]
　在工程延期的审批程序中监理工程师具有哪些职权?

　　工程延期的审批程序详见图 7-1 所示。当工程延期事件发生后,承包单位应在合同规定的有效期内以书面形式通知监理工程师（即工程延期意向通知）,以便于监理工程师尽早了解所发生的事件,及时做出一些减少延期损失的决定。随后承包单位应在合同规定的有效期内（或监理工程师可以同意的合理期限内）向监理工程师提交详细的申述报告（延期理由及依据）。监理工程师收到该报告后应及时进行调查核实,准确地确定出工程延期时间。

　　当延期事件具有持续性,承包单位在合同规定的有效期内不能提交最终详细的申述报告时,应向监理工程师提交阶段性的详细报告。监理工程师应在调查核实阶段性报告的基础上,尽快做出延期的临时决定。临时决定时间不宜太长,一般来说不超过最终批准的延期时间。

　　待延期事件结束后,承包单位应在合同规定的期限内向监理工程师提交最终的详细报告,监理工程师应复查详细报告的全部内容,然后确定该延期施工所需的延期时间。如果遇到比较复杂的延期事件,监理工程师可以成立专门小组进行处理。对于一时难以做出结论的延期事件,即使不属于持续性的事件,也可以采用

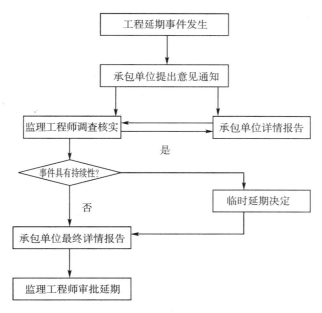

图 7-1　工程延期的审批程序

先做出临时延期的决定,然后再做出最后决定的方法。这样既可以保证有充足的时间处理延期事件,又可以避免由于处理不及时造成的损失。监理工程师在做出临时工期延迟批准或最终工程延期批准之前,均应与业主和承包单位进行协商。

三、工程延期的审批原则

监理工程师在审批工程延期时应遵循下列原则:

1. 合同条件

监理工程师批准的工程必须符合合同条款。即导致工程延期的原因确实属于承包单位自身以外的,否则不能批准为工程延期。

2. 影响工期

发生延期事件的工程部位,无论其是否在施工进度计划的关键路线上,只有当延长的时间超过其相应的总时差时,才能批准工程延期。如果延期事件在非关键路线上,且延长的时间并不超过总时差时,即使符合批准为工程延期的合同条件,也不能批准工程延期。

土木工程施工进度计划中的关键路线并非固定不变,它会随着工程进展和情况的变化而转移。监理工程师应以承包单位提交的、经自己审核后的施工进度计划(不断调整后)为依据来决定是否批准工程延期。

3. 实际情况

批准的工程必须符合实际情况,为此,承包单位应对事件发生后的各类有关细节进行详细记载,并及时向监理工程师提交详细报告。与此同时,监理工程师也应对施工现场进行详细考察和分析,并做好有关记录,以便为合理确定工程延期时间提供可靠数据。

[想一想]

关键线路是否是固定不变的?

课目:案例分析

(一)背景资料

某建设单位有一宾馆大楼的装饰装修和设备安装工程,经公开招标投标确定了由某建筑装饰装修工程公司和设备安装公司承包工程施工,并签订了施工承包合同。合同价为 1600 万元,工期为 130 天。合同规定:业主与承包方"每提前或延误工期一天,按合同价的万分之二进行奖罚";"石材及主要设备由业主提供,其他材料由承包方采购";施工方与石材厂商签订了石材购销合同;业主经设计方商定,对主要装饰石料指定了材质、颜色和样品。施工进行到 22 天时,由于设计变更,造成工程停工 9 天,施工方 8 天内提出了索赔意向通知;施工进行到 36 天时,因业主方挑选确定石材,使部分工程停工累计达到 16 天,施工方 10 天内提出索赔意向通知;施工进行到 52 天时,业主方挑选确定的石材送达现场,进场验收时发现该批石材大部分不符合质量要求,监理工程师通知承包方该批石材不得使用。承包方要求将不符合要求的石材退换,因此延误工期 5 天。石材厂商要求承包方支付退货运费,承包方拒绝。工程结算时承包方因此向业主方索赔;施工进行到 73 天时,该地区遭受罕见暴风雨袭击,施工无法进行,延误工期 2 天,施工方 5 天内提出了索赔意向通知;施工进行到 137 天时,施工方因人员调配原因,延误工期 3 天;最后,工程在 152 天竣工。工程结算时,施工方向业主提出了索赔报告并附索赔有关的材料和证据。各项索赔要求如下:

(1)工期索赔:①因设计变更造成工程停工,索赔工期 9 天;②因业主方挑选确定石材造成工程停工,索赔工期 16 天;③因业主石材退换造成工程停工,索赔工期 5 天;④因遭受罕见暴风雨袭击造成工程停工,索赔工期 2 天;⑤因施工方人员调配造成工程停工,索赔工期 3 天。

(2)经济索赔:35 天×1600 万元×0.02%=11.2 万元

(3)工期奖励:13 天×1600 万元×0.02%=4.16 万元

(二)问题

1. 哪些索赔要求能够成立? 哪些不成立? 为什么?

2. 上述工期延误索赔中,哪些应由业主方承担? 哪些应由施工方承担?

3. 施工方应获得的工期补偿和经济补偿各为多少? 工期奖励应为多少?

4. 不可抗力发生风险承担的原则是什么?

5. 施工方向业主方索赔的程序如何?

(三)分析与解答

1. 能够成立的索赔有:

(1)因设计变更造成工程停工的索赔;

(2)因业主方挑选确定石材造成工程停工的索赔；

(3)因遭受罕见暴风雨袭击造成工程停工的索赔。

2. 不能够成立的索赔有：

(1)因业主石材退换造成工程停工的索赔(应由施工方向石材厂商按合同索赔)；

(2)因施工人员调配造成工程停工索赔。

3. 业主方承担的有：

(1)因设计变更造成工程停工,按合同补偿,工程顺延；

(2)因业主方挑选确定石材造成工程停工,按合同补偿,工程顺延；

(3)因遭受罕见暴风雨袭击造成工程停工,承担工程损坏损失,工期顺延。

4. 施工方承担的有：

(1)因遭受罕见暴风雨袭击造成的施工方损失；

(2)因施工人员调配造成的停工,自行承担施工方损失,工期不予顺延。

(3)施工方应获得的包括：

① 工期补偿为：27 天

② 经济补偿为：$27×1600×0.02\%＝8.64$ 万元

③ 工期奖励为：$[(130＋27)－152]×1600×0.02\%＝1.6$ 万元

5. 不可抗力发生风险承担的原则是：

(1)工程本身的损害由业主方承担；

(2)人员伤亡由其所在方负责,并承担相应费用；

(3)施工方的机械设备损坏及停工损失,由施工方承担；

(4)工程所需清理修复费用,由业主承担；

(5)延误的工期顺延。

6. 施工方可按以下程序以书面形式向业主方提出了索赔：

(1)索赔时间发生后 28 天内,向监理方发出索赔意向通知；

(2)发出索赔意向通知后 28 天内,向监理方提出延长工期和补偿经济损失的索赔报告及有关资料；

(3)监理方在收到施工方送交的索赔报告及有关资料后,于 28 天内给予答复,或要求施工方进一步补充索赔理由和证据；监理方在收到施工方送交的索赔报告及有关资料后 28 天内未予答复或未对施工方作进一步要求,视为该项索赔已经认可。

本章思考题与实训

1. 如何处理工程延误？

2. 对于施工企业来说哪些条件下可以索赔,向谁索赔？

3. 工程延期和延误对工程进度控制的影响如何？

4. 工期索赔的必要条件是什么？

5. 监理工程师的索赔管理工作有哪些？

附 录

一、考证训练题

单选题

1. 下列哪种施工方式工期最短（　　）。
   A. 依次施工　　　B. 平行施工　　　C. 流水施工　　　D. 三者相等

2. 下列哪项不是流水施工的优点（　　）。
   A. 充分利用工作面　　　　　　B. 连续均衡性施工
   C. 各班组一定时期连续均衡施工　D. 人员分配均匀

3. 下列哪个字母表示施工段数（　　）。
   A. n　　　　　　B. m　　　　　　C. t　　　　　　D. b

4. 下列哪项不是确定流水节拍应考虑的因素（　　）。
   A. 最小劳动组合　　　　　　B. 技术间歇
   C. 最小工作面　　　　　　　D. 工作班制要恰当

5. 下列施工中会产生窝工现象的是（　　）。
   A. $m=n$　　　　B. $m>n$　　　　C. $m<n$　　　　D. $m\leqslant n$

6. 在施工段不变的情况下流水步距越大，工期（　　）。
   A. 越长　　　　　B. 越短　　　　　C. 不变　　　　　D. 视情况而定

7. 当施工规模较小，施工工作面有限时（　　）是适用的，常见的。
   A. 流水施工　　　B. 依次施工　　　C. 平行施工　　　D. 以上三种

8. 流水施工的实质是（　　）。
   A. 分工协作与成批生产
   B. 连续均衡施工
   C. 组织平行搭接施工
   D. 每个施工过程组织独立的施工班组

9. 施工过程的划分与哪项因素有关（　　）。
   A. 施工进度计划的作用　　　B. 施工方案
   C. 劳动力组织及劳动力大小　D. 最小工作面

10. 组织工程流水施工中范围最小的流水施工是（　　）。
    A. 专业流水　　　B. 细部流水　　　C. 项目流水　　　D. 综合流水

11. 当 $t_i>t_{i+1}$ 时，异节拍流水步距的确定为（　　）
    A. $t_i+t_j-t_d$　　　　　　　　　B. t_i
    C. $\sum t_i+\sum t_j-\sum t_d$　　　D. $mt_i-(m-1)t_{i+1}+(t_j-t_d)$

12. 某工程有 ABC 三个过程,分成 4 个施工段。Ta＝2 天 Tb＝4 天 Tc＝3 天。则依次施工、平行施工、流水施工的工期为(　　)
    A. 36,21,9　　　　B. 9,36,21　　　　C. 21,9,36　　　　D. 36,9,21

13. 流水施工中,最后一个施工过程的持续时间表示为(　　)。
    A. T_n　　　　　B. t_i　　　　　C. mT_n　　　　D. nT_n

14. 对同一个施工项目按施工段依次施工和按施工过程依次施工的工期(　　)
    A. 相等　　　　B. 不相等　　　　C. 不一定相等　　　D. 不确定

15. 下面流水步距表示正确的为(　　)
    A. $K_{i,i+2}$　　　B. $K_{1,3}$　　　C. $K_{i+2,i+3}$　　　D. $K_{i+1,i}$

16. 无间歇全等节拍流水施工的特征(　　)
    A. $T_1＝T_2＝T_n,K_{1,2}\neq K_{2,3}\neq t_i$　　　B. $t_1\neq t_2\neq t_n$　　$K_{1,2}＝K_{2,3}＝t_i$
    C. $T_1＝T_2＝T_n,K_{1,2}＝K_{2,3}＝t_i$　　　D. $t_1\neq t_2\neq t_n$　　$K_{1,2}＝K_{2,3}\neq t_i$

17. 在流水施工中流水步距的数目等于(　　)。
    A. $n-1$　　　B. $\sum K_{i,i+1}$　　　C. mt_n　　　D. n

18. 下列哪个字母表示搭接时间(　　)。
    A. t_i　　　　B. t_j　　　　C. t_d　　　　D. t_n

19. 能表示所有全等节拍流水方式的计算工期公式为(　　)。
    A. $\sum K_{i,i+1}+T$　　　　　　B. $(m+n-1)t$
    C. $\sum K_{i,i+1}+mt_n$　　　　　D. $(m+n-1)t_i+\sum t_j-\sum t_d$

20. 建设工程组织流水时,用来表达流水施工在施工工艺方面的状态参数有(　　)。
    A. 流水强度　　　B. 流水节拍　　　C. 流水步距　　　D. 间歇时间

21. 有间歇全等节拍流水步距为(　　)。
    A. $t_i+t_j-t_d$　　　　　　B. t_i
    C. $\sum t_i+\sum t_j-\sum t_d$　　　D. $mt-(m-1)t_{i+1}+(t_j-t_d)$

22. 建设工程组织非节奏流水施工时,其特点之一是(　　)。
    A. 各专业队能够在施工段上连续作业,但施工段之间可能有空闲时间
    B. 相邻施工过程的流水步距等于前一施工过程中第一个施工段的流水节拍
    C. 各专业队能够在施工段上连续作业,施工段之间不可能有空闲时间
    D. 相邻施工过程的流水步距等于后一施工过程中最后一个施工段的流水节拍

23. 为了有效地控制工程建设进度,必须事先对影响进度的各种因素进行全面分析和预测,其主要目的是为了实现工程建设进度的(　　)。
    A. 主动控制　　　B. 全面控制　　　C. 事中控制　　　D. 纠偏控制

24. 建设工程组织流水施工时,相邻专业工作队之间的流水步距不尽相等,

但专业工作队数等于施工过程数的流水施工方式是(　　)。

A. 固定节拍流水施工和加快的成倍节拍流水施工

B. 加快的成倍节拍流水施工和非节奏流水施工

C. 固定节拍流水施工和一般的成倍节拍流水施工

D. 一般的成倍节拍流水施工和非节奏流水施工

25. 某分部工程有两个施工过程,各分为 4 个施工段组织流水施工,流水节拍分别为 3、4、3、3 和 2、5、4、3 天,则流水步距和流水施工工期分别为(　　)天。

A. 3 和 16　　　　B. 3 和 17　　　　C. 5 和 18　　　　D. 5 和 19

26. 累加斜减取大值法是确定(　　)。

A. 全等无间歇流水施工的步距

B. 全等有间歇流水施工的步距

C. 异节拍流水施工步距

D. 无节奏流水步距

27. 工程网络计划的计算工期应等于其所有结束工作(　　)。

A. 最早完成时间的最小值

B. 最早完成时间的最大值

C. 最迟完成时间的最小值

D. 最迟完成时间的最大值

28. 在某工程双代号网络计划中,工作 M 的最早开始时间为第 15 天,其持续时间为 7 天。该工作有两项紧后工作,它们的最早开始时间分别为第 27 天和第 30 天,最迟开始时间分别为第 28 天和第 33 天,则工作 M 的总时差和自由时差(　　)天。

A. 均为 5　　　　　　　　　B. 分别为 6 和 5

C. 均为 6　　　　　　　　　D. 分别为 11 和 6

29. 某分部工程双代号时标网络计划如下图所示。请问,其中工作 A 的总时差和自由时差(　　)天。

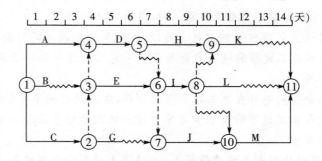

A. 分别为 1 和 0　　B. 均为 1　　C. 分别为 2 和 0　　D. 均为 0

30. 某分部工程双代号时标网络计划如下图所示。其中工作 C 和 I 的最迟完成时间分别为第(　　)天。

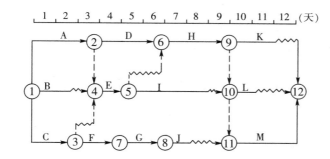

A. 4和11　　　B. 4和9　　　C. 3和11　　　D. 3和9

31. 某分部工程双代号网络计划如下图所示,其关键线路有(　　)条。

A. 2　　　　　B. 3　　　　　C. 4　　　　　D. 5

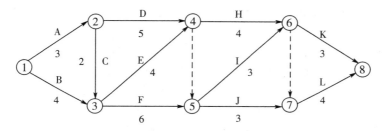

32. 在网络计划中,关键工作的总时差值为(　　)。

A. 零　　　　　B. 最大　　　　　C. 最小　　　　　D. 不定数

33. 在下列所述线路中,(　　)必为关键线路。

A. 双代号网络计划中没有虚箭线的线路

B. 时标网络计划中没有波形线的线路

C. 双代号网络计划中由关键节点组成的线路

D. 双代号网络计划中持续时间最长的线路

34. 某工程双代号网络计划如下图所示,其关键线路有(　　)条。

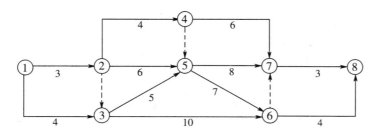

A. 1　　　　　B. 2　　　　　C. 3　　　　　D. 4

35. 标号法是一种快速确定双代号网络计划(　　)的方法。

A. 关键线路和计算工期　　　　　B. 要求工期

C. 计划工期　　　　　D. 工作持续时间

36. 对关键线路而言,下列说法中(　　)是错误的。

A. 是由关键工作组成的线路

B. 是所有线路中时间最长的

C. 一个网络图只有一条关键线路

D. 关键线路时间拖延则总工期也拖延

37. 下图中的单代号网络计划,A 为开始工作,则 D 的最早完工时间为
（   ）天。

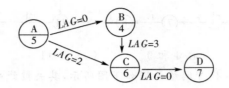

　　A. 22　　　　　　　B. 23　　　　　　　C. 24　　　　　　　D. 25

38. 网络图中由节点代表一项工作的表达方式称作（   ）。

　　A. 时标网络图　　　　　　　　　　B. 双代号网络图

　　C. 单代号网络图　　　　　　　　　　D. 横道图

39. 单代号网络图中,若 n 项工作同时开始时,应虚设:（   ）

　　A. 一个原始结点　　　　　　　　　　B. 多个原始结点

　　C. 虚设一个开始工作　　　　　　　　D. 虚设两个开始工作

40. 单代号网络中出现若干同时结束工作时,采取的措施是:（   ）

　　A. 虚设一个虚工作　　　　　　　　　B. 虚设一个结束节点

　　C. 构造两个虚设节点　　　　　　　　D. 增加虚工序表示结束节点

41. 某单代号网络图中两项工作的时间参数如下图,则二者的时间间隔
LAG 为（   ）。

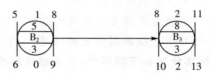

　　A. 0 天　　　　　　　B. 1 天　　　　　　　C. 2 天　　　　　　　D. 3 天

42. 某工程单代号搭接网络计划如下图所示,节点中下方数字为该工作的持
续时间,其中关键工作是（   ）。

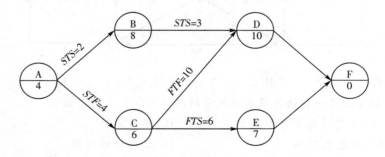

A. 工作 A 和工作 B   B. 工作 C 和工作 D

C. 工作 B 和工作 E   D. 工作 C 和工作 E

43. 搭接网络计划的计算图形与单代号网络计划的计算图形差别为(　　)。

    A. 单代号网络计划必须有虚拟的起点节点和虚拟的终点节点

    B. 搭接网络计划必须有虚拟的起点节点和虚拟的终点节点

    C. 单代号网络计划有虚工作

    D. 搭接网络计划有虚工作

44. 单代号搭接网络计划描述前后工作间逻辑关系的符号有(　　)个。

    A. 2   B. 3   C. 4   D. 5

45. 当计算工期不能满足合同要求时,应首先压缩(　　)的持续时间。

    A. 持续时间最长的工作   B. 总时差最长的工作

    C. 关键工作   D. 非关键工作

46. 在进行网络计划费用优化时,应首先将(　　)作为压缩持续时间的对象。

    A. 直接费用率最低的关键工作   B. 直接费用率最低的非关键工作

    C. 直接费用率最高的非关键工作   D. 直接费用率最高的关键工作

47. 不允许中断工作资源优化,资源分配的原则是(　　)

    A. 按时差从大到小分配资源

    B. 非关键工作优先分配资源

    C. 关键工作优先分配资源

    D. 按工作每日需要资源量大小分配资源

48. 网络计划的工期优化的目的是缩短(　　)

    A. 计划工期   B. 计算工期   C. 要求工期   D. 合同工期

49. 在工程网络计划工期优化过程中,当出现两条独立的关键线路时,在考虑对质量和安全影响差别不大的基础上,应选择的压缩对象是分别在这两条关键线路上的两项(　　)的工作组合。

    A. 直接费用率之和最小   B. 资源强度之和最小

    C. 持续时间总和最大   D. 间接费用率之和最小

50. 在费用优化时,如果被压缩对象的直接费用率或组合费用率等于工程间接费用率时(　　)。

    A. 应压缩关键工作

    B. 应压缩非关键工作的持续时间

    C. 停止缩短关键工作

    D. 停止缩短非关键工作的持续时间

51. 工程总费用由直接费和间接费两部分组成,随着工期的缩短,会引起(　　)。

    A. 直接费和间接费同时增加   B. 直接费增加,间接费减少

    C. 直接费和间接费同时减少   D. 直接费减少,间接费增加

52. 建设工程物质供应计划的编制依据之一是（　　　）
    A. 物质加工计划　　　　　　　　　B. 物质采购计划
    C. 物质储备计划　　　　　　　　　D. 物质运输计划

53. 在施工进度计划实施过程中，为缩短工程总工期，可以采用的技术措施有（　　　）
    A. 采用先进的施工方法　　　　　　B. 改善外部配合条件
    C. 改善劳动条件　　　　　　　　　D. 增加每天的施工时间

54. 某分项工程实物工程量为 $1500m^3$，该分项工程人工产量定额为 $5m^3$/工日，计划每天安排 2 班，每班 10 人完成该分项工程，则其持续时间为（　　　）天。
    A. 15　　　　　　B. 30　　　　　　C. 60　　　　　　D. 75

55. 单位工程施工进度计划步骤包括：①计算工程量；②计算劳动量和机械分班制；③确定施工顺序；④确定工作项目的持续时间；⑤绘制、检查和调整施工进度计划；⑥划分工作项目，它们正确的顺序是（　　　）
    A. ①②③④⑥⑤　　　　　　　　　B. ⑥③①②④⑤
    C. ③①②④⑤⑥　　　　　　　　　D. ③④①②⑥⑤

56. 在施工阶段编制及调整工程进度计划，确定各项工作之间的关系时，首先必须考虑（　　　）的要求。
    A. 施工组织　　B. 施工方法　　C. 施工机械　　D. 施工工艺

57. 在施工进度计划实施过程中，为了加速施工速度，可以采取的组织措施是（　　　）
    A. 改善施工工艺和施工技术　　　　B. 采用更先进的施工机械
    C. 增加劳动力和施工机械的数量　　D. 改善劳动强度

58. 施工平面图是施工方案及（　　　）在空间上的全面安排。
    A. 施工进度计划　　　　　　　　　B. 施工组织设计
    C. 施工准备计划　　　　　　　　　D. 时间安排计划

59. 某工作的最早开始时间为第 17 天，其持续时间为 5 天。该工作有三项紧后工作，它们的最早开始时间分别为第 25 天、第 27 天和第 30 天，则该工作的自由时差为（　　　）天。
    A. 13　　　　　　B. 8　　　　　　C. 5　　　　　　D. 3

60. 施工组织总设计是以（　　　）为对象而编制，是指导全局性施工的技术和经验纲要。
    A. 单项工程　　　　　　　　　　　B. 单位工程
    C. 分部工程　　　　　　　　　　　D. 整个建设工程项目

61. 单位工程施工组织设计是以单位工程为对象而编制，在施工组织总设计的指导下，由直接组织施工的单位根据（　　　）进行编制。
    A. 施工方案　　　　　　　　　　　B. 施工计划
    C. 施工图设计　　　　　　　　　　D. 施工部署

62. 当采用匀速进展横道图比较工作实际进度与计划进度时,如果表示实际进度的横道线右端点落在检查日期的左侧,该端点与检查日期的距离表示工作( )。

    A. 拖欠的任务量   B. 实际少投入的时间

    C. 进度超前的时间   D. 实际多投入的时间

63. 当采用匀速进展横道图比较法比较工作实际进度与计划进度时,如果表示工作实际进度的横道线右端点落在检查日期的右侧,则检查日期与该横道线右端点的差距表示( )。

    A. 进度超前的时间   B. 超额完成的任务量

    C. 进度拖后的时间   D. 尚待完成的任务量

64. 横道计划作为控制建设工程进度的方法之一,其局限性是不能( )。

    A. 反映出建设工程实施过程中劳动力的需求量

    B. 明确反映出各项工作之间错综复杂的相互关系

    C. 反映出建设工程实施过程中材料的需求量

    D. 直观地反映出建设工程的施工期限

65. 当采用 S 曲线比较法时,如果实际进度点位于计划 S 曲线的右侧,则该点与计划 S 曲线的垂直距离表明实际进度比计划进度( )。

    A. 超前的时间   B. 拖后的时间

    C. 超额完成的任务量   D. 拖欠的任务量

66. 应用 S 曲线比较法时,通过比较实际进度 S 曲线和计划进度 S 曲线,可以( )。

    A. 表明实际进度是否匀速开展

    B. 得到工程项目实际超额或拖欠的任务量

    C. 预测偏差对后续工作及工期的影响

    D. 表明对工作总时差的利用情况

67. 当利用 S 形曲线进行实际进度与计划进度比较时,如果检查日期实际进展点落在计划 S 形曲线的左侧,则该实际进展点与计划 S 形曲线的垂直距离表示工程项目( )。

    A. 实际超额完成的任务量   B. 实际拖欠的任务量

    C. 实际进度超前的时间   D. 实际进度拖后的时间

68. 当利用 S 形曲线进行实际进度与计划进度比较时,如果检查日期实际进展点落在计划 S 形曲线的右侧,则该实际进展点与计划 S 形曲线的水平距离表示工程项目( )。

    A. 实际进度超前的时间   B. 实际进度拖后的时间

    C. 实际超额完成的任务量   D. 实际拖欠的任务量

69. 香蕉曲线是由( )绘制而成的

    A. ES 与 LS B. EF 与 LF

    C. ES 与 EF D. LS 与 LF

70. 不属于常用的进度比较方法的是（　　）。
    A. 横道图比较法　　　　　　　　　B. 网络图比较法
    C. S形曲线比较法　　　　　　　　D. 香蕉曲线比较法

71. "香蕉"曲线是由 ES 和 LS 两条曲线形成的闭合曲线，不能利用"香蕉"曲线实现（　　）。
    A. 进度计划的合理安排　　　　　　B. 实际进度与计划进度的比较
    C. 对后续工程进度预测　　　　　　D. 分析出进度超前或拖后的原因

72. 在某工程施工过程中，监理工程师检查实际进度时发现工作 M 的总时差由原计划的 2 天变为－1 天，若其他工作的进度均正常，则说明工作 M 的实际进度（　　）。
    A. 提前 1 天，不影响工期　　　　　B. 拖后 3 天，影响工期 1 天
    C. 提前 3 天，不影响工期　　　　　D. 拖后 3 天，影响工期 2 天

73. 在工程施工过程中，监理工程师检查实际进度时发现某工作的总时差由原计划的 5 天变为－3 天，则说明工作 M 的实际进度（　　）。
    A. 拖后 2 天，影响工期 2 天　　　　B. 拖后 5 天，影响工期 2 天
    C. 拖后 8 天，影响工期 3 天　　　　D. 拖后 7 天，影响工期 7 天

74. 在某工程网络计划中，已知工作总时差和自由时差分别为 6 天和 4 天，监理工程师检查实际进度时，发现该工作的持续时间延长了 5 天，说明此时工作 M 的实际进度将其紧后工作的最早开始时间推迟（　　）。
    A. 5 天，但不影响总工期　　　　　B. 1 天，但不影响总工期
    C. 5 天，并使总工期延长 1 天　　　D. 4 天，并使总工期延长 1 天

75. 在某工程网络计划中，工作 M 的总时差为 2 天，监理工程师在该计划执行一段时间后检查实际进展情况，发现工作 M 的总时差变为－3 天，说明工作 M 实际进度（　　）。
    A. 拖后 3 天　　　　　　　　　　B. 影响工期 3 天
    C. 拖后 2 天　　　　　　　　　　D. 影响工期 5 天

76. 在列表比较法中，如果工作尚有总时差大于原有总时差，则说明（　　）。
    A. 该工作实际进度超前，超前的时间为两者之差
    B. 该工作实际进度拖后，拖后的时间为两者之差
    C. 该工作实际进度拖后，拖后的时间为两者之差，且影响总工期
    D. 该工作实际进度拖后，拖后的时间为两者之差，但不影响总工期

77. 在工程网络计划的执行过程中，监理工程师检查实际进度时，只发现工作 M 的总时差由原计划的 2 天变为－1 天，说明工作 M 的实际进度（　　）。
    A. 拖后 3 天，影响工期 1 天　　　　B. 拖后 1 天，影响工期 1 天
    C. 拖后 3 天，影响工期 2 天　　　　D. 拖后 2 天，影响工期 1 天

78. 在下列实际进度与计划进度的比较方法中，只能从工程项目整体角度判定实际进度偏差的方法是（　　）。

A. 匀速进展横道图比较法　　　B. 前锋线比较法

C. 非匀速进展横道图比较法　　D. S 型曲线比较法

79. 在某工程网络计划中，已知工作 P 的总时差和自由时差分别为 5 天和 2 天，监理工程师检查实际进度时，发现该工作的持续时间延长了 4 天，说明此时工作 P 的实际进度（　　）。

A. 既不影响总工期，也不影响其后续工作的正常进行

B. 不影响总工期，但将其紧后工作的最早开始时间推迟 2 天

C. 将其紧后工作的最早开始时间推迟 2 天，并使总工期延长 1 天

D. 将其紧后工作的最早开始时间推迟 4 天，并使总工期延长 2 天

80. 在建设工程进度监测过程中，监理工程师要想更准确地确定进度偏差，其中的关键环节是（　　）。

A. 缩短进度报表的间隔时间

B. 缩短现场会议的间隔时间

C. 将进度报表与现场会议的内容更加细化

D. 对所获得的实际进度数据进行加工处理

81. 监理工程师按委托监理合同要求对设计工作进度进行监控时，其主要工作内容有（　　）。

A. 编制阶段性设计进度计划

B. 定期检查设计工作实际进展情况

C. 协调设计各专业之间的配合关系

D. 建立健全设计技术经济定额

82. 在工程网络计划执行的过程中，如果某项工作拖延的时间未超过总时差，但已超过自由时差，在确定进度计划的调整方法时，应考虑（　　）。

A. 工程总工期允许拖延的时间

B. 关键节点允许推迟的时间

C. 紧后工作持续时间的可缩短值

D. 后续工作允许拖延的时间

83. 当非关键工作 M 正在实施时，检查进度计划发现工作 M 存在的进度偏差不影响总工期，但影响后续承包单位的进度，调整进度计划的最有效方法是缩短（　　）

A. 后续工作的持续时间　　　B. 工作 M 的持续时间

C. 工作 M 的平行工作的持续时间　D. 关键工作的持续时间

84. 在工程网络计划执行过程中，如果发现某项工作的完成时间拖后而导致工期延长时，需要调整的工作对象应是该工作的（　　）。

A. 平行工作　　B. 紧后工作　　C. 后续工作　　D. 先行工作

85. 在工程网络计划执行过程中，当某项工作实际进度出现的偏差超过其总时差，需要采取措施调整进度计划时，首先应考虑（　　）的限制条件。

A. 紧后工作最早开始时间　　　B. 后续工作最早开始时间

C. 各关键节点最早时间　　　　　D. 后续工作和总工期

86. 在工程网络计划执行的过程中,如果某项工作拖延的时间未超过总时差,但已超过自由时差,在确定进度计划的调整方法时,应考虑(　　)。
    A. 工程总工期允许拖延的时间　　B. 关键节点允许推迟的时间
    C. 紧后工作持续时间的可缩短值　D. 后续工作允许拖延的时间

87. 当工程网络计划中某项工作的实际进度偏差影响到总工期而需要通过缩短某些工作的持续时间调整进度计划时,这些工作是指(　　)的可被压缩的工作。
    A. 关键线路和超过计划工期的非关键线路上
    B. 关键线路上资源消耗量比较少
    C. 关键线路上持续时间比较长
    D. 施工工艺及采用技术比较简单

88. 为了有效地控制建设工程施工进度,建立施工进度控制目标体系时应(　　)。
    A. 首先确定短期目标,然后再逐步明确总目标
    B. 首先按施工阶段确定目标,然后综合考虑确定总目标
    C. 将施工进度总目标从不同角度层层分解
    D. 将施工进度总目标直接按计划期分解

89. 在施工进度控制目标体系中,用来明确各单位工程的开工和交工动用日期,以确保施工总进度目标实现的子目标是按(　　)分解的。
    A. 项目组成　　　　　　　　　　B. 计划期
    C. 承包单位　　　　　　　　　　D. 施工阶段

90. 工程项目施工进度计划应在(　　)阶段编制。
    A. 施工准备　　　　　　　　　　B. 设计
    C. 设计准备　　　　　　　　　　D. 前期决策

91. 监理工程师控制施工进度的工作内容包括(　　)。
    A. 确定施工方案　　　　　　　　B. 确定进度控制方法
    C. 编制单位工程施工进度计划　　D. 编制材料、机具供应计划

92. 在建设工程施工阶段,监理工程师进度控制的工作内容包括(　　)。
    A. 确定各专业工程施工方案及工作面交接条件
    B. 划分施工段并确定流水施工方式
    C. 确定施工顺序及各项资源配置
    D. 确定进度报表格式及统计分析方法

93. 在建设工程施工阶段,监理工程师进度控制的工作内容包括(　　)。
    A. 审查承包商调整后的施工进度计划
    B. 编制施工总进度计划和单位工程施工进度计划
    C. 协助承包商确定工程延期时间和实施进度计划
    D. 按时提供施工场地并适时下达开工令

94. 对某工程网络计划实施过程进行监测时,发现非关键工作 K 存在的进度偏差不影响总工期,但会影响后续承包单位的进度,调整该工程进度计划的最有效的方法是缩短( )。

    A. 后续工作的持续时间   B. 工作 K 的持续时间

    C. 与 K 平行的工作的持续时间   D. 关键工作的持续时间

95. 确定建设工程施工阶段进度控制目标时,首先应进行的工作是( ).

    A. 明确各承包单位的分工条件与承包责任

    B. 明确划分各施工阶段进度控制分界点

    C. 按年、季、月计算建设工程实物工程量

    D. 进一步明确各单位工程的开、竣工日期

96. 当采用 S 曲线比较法时,如果实际进度点位于计划 S 曲线的右侧,则该点与计划 S 曲线的垂直距离表明实际进度比计划进度( )。

    A. 超前的时间   B. 拖后的时间

    C. 超额完成的任务量   D. 拖欠的任务量

97. 承包人应在索赔通知发出后的( )天内,向工程师提出延长工期和(或)补偿经济损失的索赔报告及相关资料。

    A. 14   B. 7   C. 28   D. 21

98. 下列关于建设工程索赔的说法,正确的是( )

    A. 承包人可以向发包人索赔,发包人不可以向承包人索赔

    B. 索赔按处理方式的不同分为工期索赔和费用索赔

    C. 工程师在收到承包人送交的索赔报告的有关资料后 28 天内未予答复或未对承包人作进一步要求,视为该项索赔已经认可

    D. 索赔意向通知发出的 14 天内,承包人必须向工程师提交索赔报告及有关资料

99. 在施工过程中,由于发包人或工程师指令修改设计、修改实施计划、变更施工顺序,造成工期延长和费用损失,承包商可提出索赔。这种索赔属于( )引起的索赔。

    A. 地质条件的变化   B. 不可抗力

    C. 工程变更   D. 业主风险

100. 下列关于索赔和反索赔的说法,正确的是( )

    A. 索赔实际上是一种经济惩罚行为

    B. 索赔和反索赔具有同时性

    C. 只有发包人可以针对承包人的索赔提出反索赔

    D. 索赔单指承包人向发包人的索赔

101. 索赔是指合同的施工过程中,合同一方因对方不履行或未能正确履行合同所规定的义务或未能保证承诺的合同条件实现而( ),向对方提出的补偿要求。

    A. 拖延工期后   B. 遭受损失后

C. 产生分歧后   D. 提起公诉后

102. 在我国工程合同索赔中,既有承包人向发包人索赔,也有发包人向承包人索赔,这说明我国工程合同索赔是(　　　)。

    A. 不确定的   B. 单向的   C. 无法确定的   D. 双向的

103. 不属于索赔程序的是(　　　)。

    A. 提出索赔要求   B. 报送索赔资料

    C. 工程师答复   D. 上级调解

104. 由于承包人的原因,造成工程中断或进度放慢,使工期拖延,承包人对此(　　　)。

    A. 不能提出索赔   B. 可以提出工程拖延索赔

    C. 可以提出工程变更索赔   D. 其他索赔

105. 因货币贬值、汇率变化,物价和工资上涨、政策法令变化引起的索赔属于(　　　)。

    A. 不可预见的外部障碍或条件索赔   B. 工程变更索赔

    C. 工程变更索赔   D. 其他索赔

106. 以下不能成为承包人向发包人施工项目索赔理由的是(　　　)。

    A. 监理工程师对合同文件的歧义解释

    B. 物价上涨,法律法则变化

    C. 由于不可抗力导致施工条件的改变

    D. 承包商做出工程变更

107. 在工程索赔中,各种会计核算资料(　　　)。

    A. 不可以作为索赔证据   B. 可以作为索赔证据

    C. 只能作为索赔参考   D. 是索赔的物证

108. 要求发包人补偿费用损失,调整合同价格的索赔是(　　　)。

    A. 工期索赔   B. 费用索赔

    C. 道义索赔   D. 合同内索赔

109. 当出现索赔事项时,承包人以书面的索赔通知书形式,在索赔事项发生后的(　　　)天以内向工程师正式提出索赔意向通知。

    A. 28   B. 14   C. 21   D. 7

110. 工程师对索赔的答复,承包人或发包人不能接受(　　　)。

    A. 即进入仲裁或诉讼程序   B. 即进入调解程序

    C. 只能进入仲裁程序   D. 只能进入诉讼程序

111. 反索赔是对提出索赔一方的(　　　)。

    A. 回应   B. 上诉   C. 反驳   D. 承诺

112. 监理工程师控制建设工程进度的组织措施是指(　　　)。

    A. 协调合同工期与进度计划之间的关系

    B. 编制进度控制工作细则

    C. 及时办理工程进度款支付手续

D. 建立工程进度报告制度

113. 监理工程师受建设单位委托对某建设工程设计和施工实施全过程监理时,应(　　)。

A. 审核设计单位和施工单位提交的进度计划,并编制监理总进度计划

B. 编制设计进度计划,审核施工进度计划,并编制工程年、季、月实施计划

C. 编制设计进度计划和施工总进度计划,审核单位工程施工进度计划

D. 审核设计单位和施工单位提交的进度计划,并编制监理总进度计划及其分解计划

114. 工程项目年度计划中不应包括的内容是(　　)。

A. 投资计划年度分配表

B. 年度计划项目表

C. 年度建设资金平衡表

D. 年度竣工投产交付使用计划表

115. 建设工程进度控制是监理工程师的主要任务之一,其最终目的是确保建设项目(　　)。

A. 在实施过程中应用动态控制原理

B. 按预定的时间动用或提前交付使用

C. 进度控制计划免受风险因素的干扰

D. 各方参建单位的进度关系得到协调

116. 在工程网络计划中,如果某项工作的最迟开始时间和最迟完成时间分别为 7 天和 9 天,则说明该工作实际上最迟应从开工后(　　)。

A. 第 7 天上班时刻开始,第 9 天下班时刻完成

B. 第 7 天上班时刻开始,第 10 天下班时刻完成

C. 第 8 天上班时刻开始,第 9 天下班时刻完成

D. 第 8 天上班时刻开始,第 10 天下班时刻完成

117. 当规定了要求工期 T_r 时,网络计划工期 T_p 应(　　)。

A. $T_p \leqslant T_r$ 　　　B. $T_p = T_r$ 　　　C. $T_p \geqslant T_r$ 　　　D. $T_p < T_r$

118. 专业工作队在一个施工段上的施工作业时间称为(　　)。

A. 工期 　　　B. 流水步距 　　　C. 自由时差 　　　D. 流水节拍

119. 在列表比较法中,如果工作尚有总时差大于原有总时差,则说明(　　)。

A. 该工作实际进度超前,超前的时间为两者之差

B. 该工作实际进度拖后,拖后的时间为两者之差

C. 该工作实际进度拖后,拖后的时间为两者之差,且影响总工期

D. 该工作实际进度拖后,拖后的时间为两者之差,但不影响总工期

120. 从整体角度判定工程项目实际进度偏差,并能预测后期工程进度的比较方法是(　　)。

A. S 形曲线比较法 　　　　　　　B. 前锋线比较法

C. 列表比较法 　　　　　　　　　D. 横道图比较法

多 选 题

1. 在组织建设工程流水施工时,加快的成倍节拍流水施工的特点包括( )。

   A. 同一施工过程中各施工段的流水节拍不尽相等

   B. 相邻专业工作队之间的流水步距全部相等

   C. 各施工过程中所有施工段的流水节拍全部相等

   D. 专业工作队数大于施工过程数,从而使流水施工工期缩短

   E. 各专业工作队在施工段上能够连续作业

2. 某分部工程双代号网络计划如下图所示,其中图中的错误包括( )。

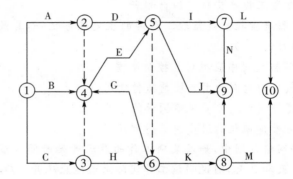

   A. 有多个起点节点　　　B. 有多个终点节点　　　C. 存在循环回路

   D. 工作代号重复　　　　E. 节点编号有误

3. 某工程双代号网络计划如下图所示,图中已标出每项工作的最早开始时间和最迟开始时间,该计划表明( )。

   A. 关键线路有 2 条

   B. 工作 1—3 与工作 3—6 的总时差相等

   C. 工作 4—7 与工作 5—7 的自由时差相等

   D. 工作 2—6 的总时差与自由时差相等

   E. 工作 3—6 的总时差与自由时差不等

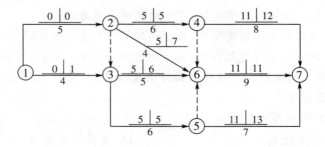

4. 下列关于双代号时标网络计划的表述中,正确的有(　　)。

A. 工作箭线左端节点中心所对应的时标值为该工作的最早开始时间

B. 工作箭线中波形线的水平投影长度表示该工作与其紧后工作之间的时距

C. 工作箭线中实线部分的水平投影长度表示该工作的持续时间

D. 工作箭线中不存在波形线时,表明该工作的总时差为零

E. 工作箭线中不存在波形线时,表明该工作与其紧后工作之间的时间间隔为零

5. 在下图所示的双代号时标网络计划中,所提供的正确信息有(　　)。

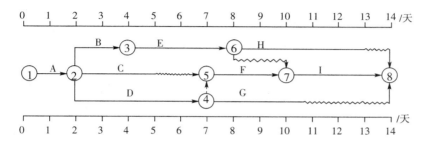

A. 计算工期为 14 天

B. 工作 A、D、F 为关键工作

C. 工作 D 的总时差为 3 天

D. 工作 B 的总时差为 2 天,自由时差为 0 天

E. 工作 C 的总时差和自由时差均为 2 天

6. 属于施工进度控制的工作内容有(　　)。

A. 按年、季、月编制工程综合计划

B. 编制施工进度控制工作细则

C. 下达开工令

D. 调整施工进度计划

E. 工程验收

7. 下列情况中,监理工程师有必要编制进度计划的是(　　)。

A. 单位工程施工的进度计划

B. 大型建设项目的施工总进度计划

C. 分期分批发包又没有负责全部工程的总承包单位的施工总进度计划

D. 大型建设工程的工程项目进度计划

E. 采用若干个承包单位平行承包

8. 下列关于单位工程施工组织设计的说法中,正确的有(　　)。

A. 单位工程施工组织设计是以整个建设项目为对象而编制

B. 单位工程施工组织设计由直接施工的单位根据施工图设计进行编制

C. 单位工程施工组织设计是施工单位编制分部分项工程施工组织设计的依据

D. 单位工程施工组织设计是施工单位编制季、月、旬施工计划的依据

9. 某工作计划进度与实际进度如下图所示,从图中可获得的正确信息有
（　　）。

A. 第4天至第7天内计划进度为匀速进展

B. 第1天实际进度超前,但在第2天停工

C. 前2天实际完成工作量大于计划工作量

D. 该工作已提前1天完成

E. 第3天至第6天内实际进度为匀速进展

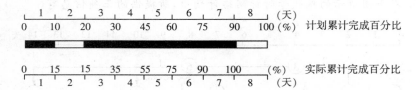

10. 在工程项目进度控制中,常用于实际进度和计划进度比较的管理手段
有（　　）。

A. S型曲线法　　　　　　　　　　　　B. 横道图法

C. 计划评审技术法　　　　　　　　　D. 双代号网络图法

E. "香蕉"曲线比较法

11. 常用的进度比较方法有（　　）。

A. 横道图比较法　　　　　　　　　　B. 里程碑法

C. S形曲线比较法　　　　　　　　　D. 香蕉曲线比较法

E. 网络图比较法

12. 某分部工程时标网络计划如下图所示,当设计执行到第4周末及第8周
末时,检查实际进度如图中前锋线所示,该图表明（　　）。

A. 第4周末检查时预计工期将延长1周

B. 第4周末检查时只有工作D拖后而影响工期

C. 第4周末检查时工作A尚有总时差1周

D. 第8周末检查时工作G进度拖后并影响工期

E. 第8周末检查时工作E实际进度不影响总工期

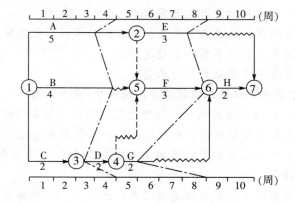

13. 某分部工程双代号时标网络计划执行到第 3 周末及第 8 周末时,检查实际进度后绘制的前锋线如下图所示,图中表明(   )。

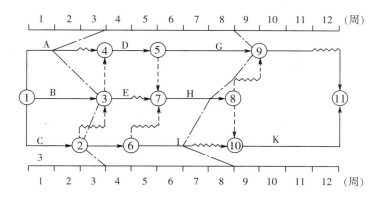

A. 第 3 周末检查时工作 A 的实际进度影响工期

B. 第 3 周末检查时工作 2—6 的自由时差尚有 1 周

C. 第 8 周末检查时工作 H 的实际进度影响工期

D. 第 8 周末检查时工作 I 的实际进度影响工期

E. 第 4 周至第 8 周工作 2—6 和 I 的实际进度正常

14. 某分部工程双代号时标网络计划执行到第 6 天结束时,检查其实际进度如下图前锋线所示,检查结果表明(   )。

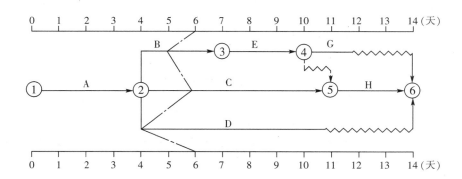

A. 工作 B 的实际进度不影响总工期

B. 工作 C 的实际进度正常

C. 工作 D 的总时差尚有 2 天

D. 工作 E 的总时差尚有 1 天

E. 工作 G 的总时差尚有 1 天

15. 某工程双代号时标网络计划执行到第 4 周末和第 10 周末时,检查其实际进度如下图前锋线所示,检查结果表明(   )。

A. 第 4 周末检查时工作 B 拖后 1 周,但不影响工期

B. 第 4 周末检查时工作 A 拖后 1 周,影响工期 1 周

C. 第 10 周末检查时工作 I 提前 1 周,可使工期提前 1 周

D. 第 10 周末检查时工作 G 拖后 1 周,但不影响工期

E. 在第 5 周到第 10 周内,工作 F 和工作 I 的实际进度正常

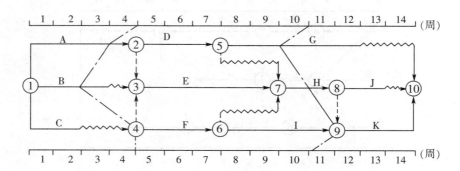

16. 为更好地了解建设工程实际进展情况,由监理工程师提供的进度报表格式的内容一般包括(　　)。

A. 工作的开始时间与完成时间

B. 工作间的逻辑关系

C. 完成工作时各项资源消耗的成本

D. 完成各工作所达到的质量标准

E. 各工作时差的利用

17. 在工程网络计划的实施过程中,如果某项工作出现进度偏差后,需要调整进度计划的情况有(　　)。

A. 进度偏差大于该工作的自由时差

B. 进度偏差大于该工作与其紧后工作的时间间隔

C. 进度偏差大于该工作的总时差与自由时差的差值

D. 进度偏差大于该工作的总时差

E. 进度偏差小于该工作的自由时差

18. 在工程网络计划的执行过程中,当某项工作进度出现偏差后,需要调整原进度计划的情况有(　　)。

A. 项目总工期不允许拖延,但工作进度偏差已超过其总时差

B. 项目总工期允许拖延,但工作进度偏差已超过其自由时差

C. 项目总工期允许拖延的时间有限,但实际拖延的时间已超过此限制

D. 后续工作不允许拖延,但工作进度偏差已超过其总时差

E. 后续工作允许拖延,但工作进度偏差已超过其自由时差

19. 进度计划的调整方法有(　　)。

A. 调整工作顺序,改变某些工作之间的逻辑关系

B. 缩短某些工作的持续时间

C. 减少一部分不重要的工作

D. 调整项目进度计划

建设工程进度控制(第 2 版)

E. 索赔工期

20. 为了全面、准确地掌握进度计划的执行情况,监理工程师应当对其进行跟踪检查,其主要工作有(　　　)。

A. 定期收集进度报表资料　　　　　B. 现场实地检查工程进展情况

C. 定期召开现场会议　　　　　　　D. 向业主提供进度报告

E. 变更进度计划

21. 在建设工程施工阶段,为了有效地控制施工进度,不仅要明确施工进度总目标,还要将此总目标按(　　　)进行分解,形成从总目标到分目标的目标体系。

A. 投标单位　　　　　　　　　　　B. 项目组成

C. 承包单位　　　　　　　　　　　D. 工程规模

E. 施工阶段

22. 制定科学、合理的进度目标是实施进度控制的前提和基础。确定施工进度控制目标的主要依据包括(　　　)。

A. 工程设计力量　　　　　　　　　B. 工程难易程度

C. 工程质量标准　　　　　　　　　D. 项目投产动用要求

E. 项目外部配合条件

23. 为了使施工进度控制目标更具科学性和合理性,在确定施工进度控制目标时应考虑的因素包括(　　　)。

A. 类似工程项目的实际进度　　　　B. 工程实施的难易程度

C. 工程条件的落实情况　　　　　　D. 施工图设计文件的详细程度

E. 建设总进度目标对施工工期的要求

24. 监理单位所编制的建设工程施工进度控制工作细则的内容包括(　　　)。

A. 工程进度款支付条件及方式　　　B. 进度控制工作流程

C. 进度控制的方法和措施　　　　　D. 进度控制目标实现的风险分析

E. 施工绩效考核评价标准

25. 在建设工程施工阶段,为了减少或避免工程延期事件的发生,监理工程师应(　　　)。

A. 及时提供工程设计图纸　　　　　B. 及时提供施工场地

C. 适时下达工程开工令　　　　　　D. 妥善处理工程延期事件

E. 及时支付工程进度款

26. 某工程双代号时标网络计划执行到第3周末和第7周末时,检查其实际进度如下图前锋线所示,检查结果表明(　　　)。

A. 第3周末检查时工作B拖后1周,使总工期延长1周

B. 第3周末检查时工作F拖后0.5周,但不影响总工期

C. 第7周末检查时工作I拖后1周,但不影响总工期

D. 第7周末检查时工作K拖后1周,使总工期延长1周

E. 第7周末检查时工作J提前1周,总工期预计提前3周

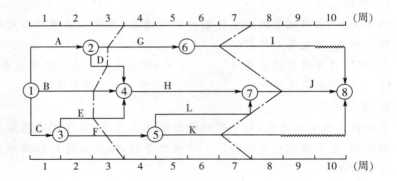

27. 监理工程师控制建设工程进度的组织措施包括（　　）。

A. 落实进度控制人员及其职责

B. 审核承包商提交的进度计划

C. 建立进度信息沟通网络

D. 建立进度协调会议制度

E. 协调合同工期与进度计划之间的关系

28. 当监理工程师协助业主将某建设项目的设计和施工任务发包给一个承包商后，需要审核的进度计划有（　　）。

A. 工程项目建设总进度计划

B. 工程设计总进度计划

C. 工程项目年度计划

D. 工程施工总进度计划

E. 单位工程施工进度计划

29. 建设工程施工阶段进度控制的主要任务包括（　　）。

A. 确定建设工程工期总目标

B. 编制工程项目建设总进度计划

C. 编制施工总进度计划并控制其执行

D. 编制详细的出图计划并控制其执行

E. 编制工程年、季、月实施计划并控制其执行

30. 在建设工程施工阶段，当通过压缩网络计划中关键工作的持续时间来压缩工期时，通常采取的技术措施有（　　）。

A. 采用更先进的施工方法

B. 增加劳动力和施工机械的数量

C. 改进施工工艺和施工技术

D. 改善劳动条件

E. 采用更先进的施工机械

31. 在建设工程施工阶段，当通过压缩网络计划中关键工作的持续时间来压缩工期时，通常采取的组织措施有（　　）。

A. 改善劳动条件

B. 增加每天的施工班次

C. 增加劳动力和施工机械的数量

D. 组织搭接作业或平行作业

E. 缩短工艺技术间隙时间

32. 监理单位对某建设项目实施全过程监理时,需要编制的进度计划包括( )。

A. 监理总进度计划　　　　　B. 设计总进度计划

C. 单位工程施工进度计划　　D. 年、季、月进度计划

E. 设计工作分专业进度计划

33. 横道图和网络图是建设工程进度计划的常用表示方法。与横道计划相比,单代号网络计划的特点包括( )。

A. 形象直观,能够直接反映出工程总工期

B. 通过计算可以明确各项工作的机动时间

C. 不能明确地反映出工程费用与工期之间的关系

D. 通过计算可以明确工程进度的重点控制对象

E. 明确地反映出各项工作之间的相互关系

34. 横道图和网络图是建设工程进度计划的常用表示方法,将双代号时标网络计划与横道计划相比较,它们的特点是( )。

A. 时标网络计划和横道计划均能直观地反映各项工作的进度安排及工程总工期

B. 时标网络计划和横道计划均能明确地反映工程费用与工期之间的关系

C. 横道计划不能像时标网络计划一样,明确地表达各项工作之间的逻辑关系

D. 横道计划与时标网络计划一样,能够直观地表达各项工作的机动时间

E. 横道计划不能像时标网络计划一样,直观地表达工程进度的重点控制对象

35. 非确定型网络计划,是指网络计划中各项工作及其持续时间和各工作之间的相互关系都是不确定的。下列各项中属于非确定型网络计划的有( )。

A. 双代号网络计划　　　　　B. 单代号网络计划

C. 计划评审技术　　　　　　D. 风险评审技术

E. 决策关键线路法

36. 网络计划中某项工作进度拖延的时间在该项工作的总时差以外时,其进度计划的调整方法可分为( )三种情况。

A. 项目总工期不允许拖延　　B. 项目总工期允许拖延

C. 项目总工期允许拖延的时间有限　D. 项目持续时间允许拖延

E. 项目持续时间不允许拖延

37. 关于分析偏差对后续工作及总工期的影响其具体分析步骤,叙述正确的是(　　)。

　　A. 分析出现进度偏差的工作是否为关键工作

　　B. 分析进度偏差是否大于总时差

　　C. 比较实际进度与计划进度

　　D. 分析进度偏差是否大于自由时差

　　E. 确定工程进展速度曲线

38. 在对实施的进度计划分析的基础上,进度计划的调整方法有(　　)。

　　A. 改变某些工作间的逻辑关系

　　B. 缩短某些工作的持续时间

　　C. 分析偏差对后续工作及总工期的影响

　　D. 确定工程进展速度曲线

　　E. 编制进度计划书

39. 在网络计划的执行过程中,当发现某工作进度出现偏差后,需要调整原进度计划的情况有(　　)。

　　A. 项目总工期允许拖延,但工作进度偏差已超过自由时差

　　B. 后续工作允许拖延,但工作进度偏差已超过自由时差

　　C. 项目总工期不允许拖延,但工作偏差已超过总时差

　　D. 后续工作不允许拖延,但工作进度偏差已超过总时差

　　E. 项目总工期和后续工作允许拖延,但工作进度偏差已超过总时差

40. 某分部工程双代号网络计划如下图所示,图中错误为(　　)

　　A. 节点编号有误　　　　　　　　　B. 工作代号重复

　　C. 多个起点节点　　　　　　　　　D. 多个终点节点

　　E. 存在循环回路

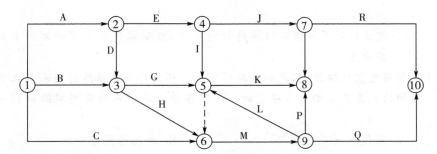

41. 能比较工程项目中各项工作实际进度与计划进度的方法有(　　)。

　　A. 匀速进展横道图比较法　　　　　B. S 曲线比较法

　　C. 非匀速进展横道图比较法　　　　D. 前锋线比较法

　　E. 香蕉曲线比较法

42. 标号法是一种快速确定双代号网络计划(　　)的方法。

　　A. 关键线路　　　　　　　　　　　B. 要求工期

C. 计算工期 　　　　　　　　　　D. 工作持续时间

E. 计划工期

43. 施工过程根据工艺性质的不同可分为制备类、运输类和建造类三种施工过程,以下( )施工过程一般不占有施工项目空间,也不影响总工期,不列入施工进度计划。

A. 砂浆的制备过程 　　　　　　　B. 地下工程

C. 主体工程 　　　　　　　　　　D. 混凝土制备过程

E. 层面工程

44. 在网络计划的工期优化过程中,为了有效地缩短工期,应选择( )的关键工作作为压缩对象。

A. 持续时间最长 　　　　　　　　B. 缩短时间对质量影响不大

C. 直接费用最小 　　　　　　　　D. 直接费用率最小

E. 有充足备用资源

45. 工程网络计划的计算工期等于( )。

A. 单代号网络计划中终点节点所代表的工作的最早完成时间

B. 单代号网络计划中终点节点所代表的工作的最迟完成时间

C. 双代号网络计划中结束工作最早完成时间的最大值

D. 时标网络计划中最后一项关键工作的最早完成时间

E. 双代号网络计划中结束工作最迟完成时间的最大值

46. 网络计划中工作之间的先后关系叫做逻辑关系,它包括( )。

A. 工艺关系 　　B. 组织关系 　　C. 技术关系 　　D. 控制关系

E. 搭接关系

47. 影响建设工程进度的不利因素很多,其中属于组织管理因素的有( )。

A. 地下埋藏物的保护处理

B. 临时停水停电

C. 施工安全措施不当

D. 计划安排原因导致相关作业脱节

E. 向有关部门提出各种申请审批手续的延误

48. 建设工程进度控制是指对工程项目建设各阶段的( )制定进度计划并付诸实施。

A. 工作内容 　　B. 持续时间 　　C. 工作程序 　　D. 工作关系

E. 衔接关系

49. 在某单位工程双代号时标网络计划中( )。

A. 工作箭线左端节点所对应的时标值为该工作的最早开始时间

B. 工作箭线右端节点所对应的时标值为该工作的最早完成时间

C. 终点节点所对应的时标值为该网络计划的计算工期

D. 波形线表示工作与其紧后工作之间的时间间隔

E. 各项工作按其最早开始时间绘制

50. 对由于承包商的原因所导致的工期延误,可采取的制约手段包括(   )。

A. 停止付款签证 　　　　　　　B. 误期损害赔偿

C. 罚没保留金 　　　　　　　　D. 终止对承包单位的雇用

E. 取消承包人的经营资格执照

二、考证训练题答案

单选题

1	2	3	4	5	6	7	8	9	10
B	D	B	B	C	A	B	B	B	B
11	12	13	14	15	16	17	18	19	20
D	D	A	D	C	C	A	C	D	A
21	22	23	24	25	26	27	28	29	30
A	A	A	D	D	D	B	B	A	B
31	32	33	34	35	36	37	38	39	40
A	C	B	D	A	C	D	C	C	B
41	42	43	44	45	46	47	48	49	50
A	D	B	C	C	A	C	B	A	A
51	52	53	54	55	56	57	58	59	60
B	C	A	A	B	D	C	A	D	D
61	62	63	64	65	66	67	68	69	70
C	A	B	B	D	B	A	B	A	B
71	72	73	74	75	76	77	78	79	80
D	B	C	B	B	A	A	D	B	D
81	82	83	84	85	86	87	88	89	90
B	D	B	C	D	D	A	C	A	A
91	92	93	94	95	96	97	98	99	100
B	D	A	B	D	D	C	C	C	B
101	102	103	104	105	106	107	108	109	110
B	D	D	A	D	D	B	B	A	A
111	112	113	114	115	116	117	118	119	120
C	D	D	A	B	C	A	D	A	B

多选题

1	2	3	4	5	6	7	8	9	10
BDE	BCE	ABD	AC	ABE	ABC	CE	BCD	ABD	ABE
11	12	13	14	15	16	17	18	19	20
ACD	ADE	AC	ABE	BD	ABE	AD	ACD	ABD	ABC
21	22	23	24	25	26	27	28	29	30
BCE	BDE	ABCE	BCD	CD	AC	ACD	BDE	CE	ACE
31	32	33	34	35	36	37	38	39	40
BC	AD	BDE	ACE	CDE	ABC	ABD	AB	CD	ADE
41	42	43	44	45	46	47	48	49	50
ACD	AC	AD	BDE	ACD	AB	DE	AD	ACDE	ABD

参考文献

1. 李世蓉．流水施工与网络技术计划详解．北京:中国建筑工业出版社,2006
2. 初明祥,冷冬兵．建筑工程项目管理．北京:煤炭工业出版社,2004
3. 中国建筑监理协会．建设工程进度控制．北京:中国建筑工业出版社,2008
4. 米永胜．公路施工组织与概预算．北京:机械工业出版社,2005
5. 姚兵．施工组织设计与进度管理(修订版)．北京:中国建筑工业出版社,2001
6. 赵正印,张迪．建筑施工组织设计与管理．郑州:黄河水利出版社,2003
7. 马敬坤．公路施工组织设计．北京:人民交通出版社,2008
8. 毛小玲,涂胜,危道军．建筑施工组织．武汉:武汉理工大学出版社,2004
9. 于立君,孙宝庆．建筑工程施工组织．北京:高等教育出版社,2005
10. 宋春岩,付庆向主编．建设工程招投标与合同管理．北京:北京大学出版社,2008
11. 王胜明,魏爱军．土木工程进度控制．北京:科学出版社,2007
12. 李建峰．建筑施工组织与进度控制．北京:中国建材工业出版社,1996
13. 余德池．建筑施工与项目管理．西安:陕西科学技术出版社,2002
14. 蔡雪峰．建筑施工组织．武汉:武汉理工大学出版社,2001
15. 杨劲,李世承．建设项目进度控制．北京:地震出版社,1993
16. 张迪,徐凤永．建筑施工组织与管理．北京:中国水利水电出版社,2007
17. 任玉峰．施工组织设计进度管理．北京:中国建筑工业出版社,1995
18. 丛培绎．施工组织概论．北京:中国建筑工业出版社,1997
19. 欧震修．建筑工程施工监理手册．北京:中国建筑工业出版社,2001
20. 邬晓光．工程进度监理．北京:北京人民交通出版社,2000
21. 江景波,赵铁生．建筑施工组织学．北京:中国建筑工业出版社,1987
22. 王端良．建设项目进度控制．北京:中国建筑工业出版社,1994
23. 朱女燕．建筑施工组织．北京:科学技术文献出版社,1994
24. 建筑工程施工项目管理丛书编审委员会．建筑工程项目施工组织与进度控制．北京:机械工业出版社,2003
25. 中国建设监理协会．建设工程进度控制．北京:中国建筑工业出版社,2002
26. 全国一级建造师执业资格考试用书编写委员会编写．建筑工程管理与实务．北京:中国建筑工业出版社,2007